谦德少年文库

QIANDE JUVENILE LIBRARY

给孩子的数学启蒙书

你好，数学

古算趣味

许莼舫　著

团结出版社

图书在版编目（CIP）数据

古算趣味 / 许莼舫著. -- 北京 : 团结出版社,
2022.1

（你好, 数学 : 给孩子的数学启蒙书）

ISBN 978-7-5126-9253-4

Ⅰ. ①古… Ⅱ. ①许… Ⅲ. ①古典数学—中国—少儿
读物 Ⅳ. ①O112-49

中国版本图书馆CIP数据核字(2021)第221294号

出版: 团结出版社

（北京市东城区东皇城根南街84号 邮编: 100006）

电话:（010）65228880 65244790（传真）

网址: www.tjpress.com

Email: zb65244790@vip.163.com

经销: 全国新华书店

印刷: 北京天宇万达印刷有限公司

开本: 145×210 1/32

印张: 42.5

字数: 758千字

版次: 2022年1月 第1版

印次: 2022年1月 第1次印刷

书号: 978-7-5126-9253-4

定价: 178.00元（全6册）

目录 *contents*

一百馒头一百僧

记得早年我在中学里读书的时候，有一位算术老师常常在课文有关的教材里面，穿插一些有趣味的资料，使我们对算术产生了兴趣。

有一次，他在整数四则的一章里，讲到一个混合类的例题：

"绸每尺价8角，布每尺价2角，共买绸和布1丈7尺，付了6元4角。问：绸和布各买几尺？"

他在讲完了这一个例题的解法以后，用动人的声调，像唱山歌那样地背出了另外的一个题目：

"一百个和尚吃馒头一百个，

大和尚一人吃三个，

小和尚三人分一个，

问：大小和尚各几个？"

大家听他一口气念完，都不约而同地笑了起来。

接着他说："这个题目是我们江南民间到处流传的，即使是不识字的牧童，也会拿这题目来给人家算，有些在学校里读书的孩子，竟会怔住了回答不出来，其实，这也是一个混合类问题，它的算法跟方才所举的例题是完全一样的。"

我听了老师的这几句话，曾经把这题目改写成跟前面的例题相同的形式：

"大和尚每人吃馒头3个，小和尚每人吃馒头 $\frac{1}{3}$ 个，共有大和尚和小和尚100人，吃了馒头100个。问：大和尚和小和尚各几人？"

因为老师所讲的那个例题是这样解的：

假定所买的1丈7尺完全是绸，价格应该是8角×17=136角，而现在只值64角，少了136角−64角=72角，这是因为其中有比较便宜的布。如果其中有布1尺，价格就比完全是绸要少8角−2角=6角，现在共少72角，可见其中所有布的尺数是72÷6=12。列成简单的算式，便是

（8×17−64）÷（8−2）=12…………布的尺数

17−12=5………………………………绸的尺数

所以我只把其中的数目和字调换了一下，应用小学里学过的分数算法，就算出了这个和尚吃馒头问题的答案：

$$（3×100-100）÷（3-\frac{1}{3}）=75\cdots小和尚的人数$$
$$100-75=25\cdots\cdots\cdots\cdots\cdots\cdots大和尚的人数$$

由于同学们对和尚吃馒头问题很感兴趣，这一类混合问题的解法也就牢牢地记住，永远不会忘掉了。

二

从旧的算术书里，我们知道上述的混合问题又叫"鸡兔类问题"，它的起源是很早的。中国有一本古算书，名叫《孙子算经》，这本书的作者孙子的名字和著作年代都已无处查考，大约是二千年前的作品。在《孙子算经》里载有一个问题，大意是："鸡兔同笼，共有35个头，94只脚。问：鸡和兔各几只？"这就是现今算术书里的混合问题的始祖。

用上节所讲的方法来解这一个鸡兔问题，虽然很容易，但是《孙子算经》里却载有一个更简单的解法。把这本书里所举的解法译得通俗一些，就是说："脚数折半，减去头数，就得兔数；从头数减去兔数，就得鸡数。"列成算式，得

$$94÷2-35=12……兔数$$

$$35-12=23……鸡数$$

这解法是多么简便呀！

我们研究到这一个解法的原理，原来是很有趣的。因为每只鸡有2只脚，每只兔有4只脚，如果每只鸡和每只兔都砍去半数的脚，成为"独脚鸡"和"两脚兔"，这时脚的总数一定是原有的一半，成为47（即94÷2）。每只"独脚鸡"的脚数是1（即2÷2），每只"两脚兔"的脚数是2（即4÷2），每只鸡的脚数等于头数，每只兔的脚数比头数多1（即4÷2－2÷2）。于是看总脚数47比总头数35多几，就知道兔的只数有几。

就上述的理由来看，知道《孙子算经》的解法之所以会这样简单，是为了在每只鸡的脚数等于头数时，每只兔的脚数比头数恰巧多1；如果所多的不是1，那就没有这样简单了。可见《孙子算经》求兔数的算法，应改为

$$（94÷2－35）÷（4÷2－2÷2）=12$$

这才是鸡兔类问题的普遍解法。

我们明白了上述解法的原理，不妨模仿着它来创造另一个新解法。方法是这样：每只鸡给它装上一个假头，变成"两头鸡"，每只兔也是这样，变成"两头兔"，这时头的总数一定是原有的2倍，成为70（即35×2）。每只"两头鸡"有2头2脚，每只"两头兔"有2头4脚，每只鸡的脚数等于头数，每只兔的脚数比头数多2（即4－2）。于是，因总脚数94比总头数70多24，知道兔的头数是12（即24÷2）。列为算式，得

$(94-35\times2)\div(4-2)=12$……………兔数

民间流传的和尚吃馒头问题，是从《孙子算经》的鸡兔问题演变而来，这是毫无疑义的。我们仿《孙子算经》，来写出和尚吃馒头问题的两种解法。

假定大小和尚每人所吃的馒头数都照题目扩大3倍，那么大和尚1人吃9个，小和尚3人吃3个，100人共吃馒头300个。小和尚每人所吃的馒头数等于人数，大和尚每人所吃的馒头数比人数多8。现在共吃的馒头数比人数多200，而200是8的25倍，所以大和尚是25人，小和尚是75人，列式如下：

$(100\times3-100)\div(3\times3-\frac{1}{3}\times3)=25$……大和尚数

$100-25=75$………………………………小和尚数

这是第一种解法。

假定大小和尚的人数都扩大3倍，那么大和尚3人吃馒头3个，小和尚9人吃馒头1个，300人共吃馒头100个，大和尚数等于他们每人所吃的馒头数，小和尚数比他们每人所吃的馒头数多8。现在人数比共吃的馒头数多200，而200是8的25倍，所以小和尚共吃馒头25个，小和尚计有75人。列式如下；

$(100\times3-100)\div(3\times3-\frac{1}{3}\times3)\times3=75$……小和尚数

$100-75=25$………………………………大和尚数

这是第二种解法。

三

　　在中国的古算书里，最先记载和尚吃馒头问题的，是明程大位所著的"算法统宗"。这本书里把许多有趣的数学问题编成了诗歌体。和尚吃馒头问题在该书中记作如下的形式：

　　　　"一百馒头一百僧，

　　　　大僧三个更无争，

　　　　小僧三人分一个，

　　　　大小和尚各几丁？"

　　程大位书中所记这一个问题的解法，却又跟前述的几种方法不同。其解法是："置僧一百为实（即被除数），以三、一并得四为法（即除数）除之，得大僧二十五个……"竟比前述的方法简便得多。算式如下：

　　　　100÷（3+1）=25·······················大和尚数

　　　　100−25=75··························小和尚数

这是什么理由呢? 研究一下, 知道

大和尚1人吃3个

小和尚3人吃1个

并得大小和尚共4人合吃4个……………… (i)

现在大小和尚共100人合吃100个………… (ii)

其中(ii) 的数恰是 (i) 的数的25倍, 从 (i) 知道大小和尚共4人中有大和尚1人 (即大和尚占总数的 $\frac{1}{4}$), 所以大小和尚共100人中, 一定有大和尚25 (即 $100 \times \frac{1}{4}$, 或 $100 \div 4$) 人。

四

我们现在进一步去研究和尚吃馒头问题。

如果有人认为题中的大和尚所吃馒头数竟是小和尚所吃馒头数的九倍, 实在太不公平, 那么能不能把它的数目更换一下呢? 先改作大和尚每人吃馒头两个, 小和尚两人吃馒头一个, 仿前法求它的答案, 得大和尚 $33\frac{1}{3}$ 人, 小和尚 $66\frac{2}{3}$ 人。人数成了分数, 岂不是闹了一个大大的笑话! 究其原因, 是大小和尚共3人合吃馒头3个, 100不是3的倍数, 这才得到了不合理的答案。

那么能不能重新更换一下, 使它的答案合理呢? 可以倒是可以, 不过更不公平了。假定大和尚每人吃四个, 小和尚四人吃一个, 这时大小和尚共五人合吃馒头五个, 可仿前法求得大和尚是20人, 小和尚是80人。

依此类推, 假定大和尚一人吃九个, 小和尚九人吃一个; 或大和尚一人吃十九个, 小和尚十九人吃一个, 都可以。

再变换一下，大和尚两人吃三个，小和尚三人吃两个，答案是大和尚40人，小和尚60人，这倒比较公平一些。

大和尚一人吃三个，小和尚两人吃一个，可以吗？试验一下，这时大小和尚共三人合吃馒头四个，人数和馒头数不相等，似乎是不行的。但是有一个好办法，小和尚两人吃一个，也好算作四人吃两个，这样一来，大小和尚共五人合吃馒头五个，可求得大和尚是20人，小和尚是80人。

照这样，我们可以编成许多的"和尚吃馒头"问题，那不是很有意思吗？

百钱买百鸡

　　孙子以后，大约在公元五百年左右（南北朝时候），中国又出了一位杰出的数学家，名字叫作张邱建。他著了一部算书流传下来，就是著名的《张邱建算经》。在这一部算书里，不但有两种东西的混合题（即鸡兔类问题），并且还推广而成三种东西的混合题。

　　《张邱建算经》中的最后一个问题，大意是这样：

　　"公鸡每只值五文钱，母鸡每只值三文钱，小鸡每三只值一文钱。现在买三种鸡共一百只，恰巧用掉一百文钱，问：三种鸡各买几只？"

　　我们拿和尚吃馒头问题来跟这一个题目比较一下，似乎只要添了一种和尚，即每人吃五个馒头的老和尚，那就会跟这个百钱买百鸡的题目完全类似。可是，研究到它的解法，却使我们感到无从下手。以前我们解两种东西的混合题，虽然有好几种方法，但是用它们来解三种东西的混合题，那就行不通了。

最奇怪的,两种东西的混合题都只有一种答案,而三种东西的混合题却往往不止一种答案。《张邱建算经》中就载有这个百鸡问题的三种答案:

第一种答案 公鸡4只,母鸡18只,小鸡78只

第二种答案 公鸡8只,母鸡11只,小鸡81只

第三种答案 公鸡12只,母鸡4只,小鸡84只

我们验算一下,这三种答案全对,它们的三种鸡的总数都是一百只,总价都是一百文钱。

照这样看来,百鸡问题跟鸡兔问题是不一样的。

那么这百鸡问题究竟怎样解呢? 我们翻开《张邱建算经》,看到这题目的后面记着一段解法,但是只有如下的十七个字:

"鸡翁每增四,鸡母每减七,鸡雏每益三,即得。"

这几个字对我们有什么帮助呢? 仔细研究一下,知道它只告诉我们三种答案间的相互关系。就公鸡来说,第一种答案是4只;第二种是8只,比前一种多4只;第三种是12只,又比前一种多4只,所以说"鸡翁每增四"。就母鸡来说,第一种答案是18只,以下的答案顺次减少7只,所以说"鸡母每减七"。同样,小鸡在三种答案中顺次增多3只,所以说"鸡雏每益三"。

　　从此可见，如果我们知道了第一种答案，就可用增四、减七、增三的方法，求得第二种答案，并可继续用同法求得第三种答案。那么第一种答案是用什么方法求出来的呢？原书中没有交代，我们现在也只能暂且搁起不谈。

　　我们把四、七、三称作"增减率"，先来研究一下，为什么在第一种答案上用四、七、三增减后可得第二种答案，继续又可得第三种答案？这理由很简单：第一，因为增加的公鸡和小鸡共计是4只+3只=7只，而减少的母鸡也是7只，所以原来三种鸡共100只，增减后仍旧是100只。第二，因为增加的4只公鸡和3只小鸡共值钱5文×4+$\frac{1}{3}$×3=21文，而减少的7只母鸡也值钱3文×7=21文，所以原来三种鸡共值钱100文，增减后仍值钱100文。

　　从这一研究，我们知道不单是有了第一种答案可以用增四、减七、增三的方法求得后面的两种答案，而且相反地，也可以由第三种答案用减四、增七、减三的方法求得前面的两种答案。但是这样一来，我们会问：那么第三种答案是怎样求出来的呢？倒来倒去，问题还是得不到解决。

　　到这里，我们可能这样想：既然用增减率可以由一种答案增减而得别种答案，那么能不能继续增减而得第四种答案呢？这很容易解决，只要用增减率来试验一下就可以知道。现在先把第三种答案增减如下：

公鸡12+4=16,母鸡4-7=-3,小鸡84+3=87

因为鸡数不能是负数,所以这一组数不适用。若继续进行,母鸡的只数永远不会是正数。

再用相反的方法把第一种答案增减,得

公鸡4-4=0,母鸡18+7=25,小鸡78-3=75

因为不能没有公鸡,所以这一组数也不适用。若继续进行,公鸡的只数又要成负数了。于是知道这问题绝不会有第四种答案。

这一步研究粗看好像是多余的,但实际却在无意间给我们找到了解决本题的重要关键。你有没有注意到,在没有公鸡的时候,母鸡是25只,小鸡是75只? 这两个数不就是本书第一篇的那个和尚吃馒头问题的答案吗? 对了,这问题的解法无疑是这样的:

先假定没有公鸡,把原题改作:"有两种鸡,母鸡每只值三文钱,小鸡每三只值一文钱。买这两种鸡共一百只,恰巧值钱一百文,问: 两种鸡各买几只? "仿照和尚吃馒头的问题,解得母鸡是25只,小鸡是75只。再用增减率加减,就得

	公 鸡	母 鸡	小 鸡
答案一	0+4=4,	25-7=18,	75+3=78
答案二	4+4=8,	18-7=11,	78+3=81

　　答案三　　　8+4=12，11−7=4，81+3=84

　　看了这个解法，我们猜想到和尚吃馒头问题的创立，可能在百鸡问题之前。张邱建为了有现成的数字可以根据，所以只说增四、减七、增三便算完事。这和尚吃馒头的问题，大概早已流传在民间，到了明代才记载到书里去的吧。

二

　　这个百钱买百鸡的问题，我们是不是已经圆满地解决了呢？不，其中还有一个重大的疑问，即增减率是怎样求到的呢？我想在《张邱建算经》里，也许是用实验来求到的，因为题中的数目并不大，这四、七、三的三个数事实上都不难凑成。然而用实验来硬凑终是不行的，数目大了就没有办法，我们应该想出一个普遍有效的方法来求这三个数。

　　在"高价""中价"和"低价"的三种物品混合在一起时，我们如果要添进某两种物品各若干件，同时又取出另一种物品若干件，使它们的总件数不变，总价值也不变，那么所添进的必须是高价和低价的两种物品，所取出的必须是中价的物品。这理由很简单，因为如果所添的是高价和中价的，所取的是低价的，那么在总件数不变时，总价值一定要增加；所添的是中价和低价的，所取的是高价的，那么在总件数不变时，总价值一定要减少。

根据上述性质，我们就可以利用代数的方法来求百鸡问题的增减率。

假定在100只鸡里面，添进公鸡x只，小鸡z只，同时又取出母鸡y只。为了要使鸡的总数仍是100只，必须满足方程式

$$x+z=y\cdots\cdots\cdots\cdots\cdots\cdots(i)$$

又为了要使总价仍是100文钱，必须同时满足方程式

$$5x+\frac{1}{3}z=3y\cdots\cdots\cdots\cdots\cdots(ii)$$

把上面的两个方程式联立，因为其中含三个未知数，而方程式仅有两个，所以它们是"不定方程式"，不能求出三个未知数的确定数值。但是我们却可以求出这三个未知数中每两个数的比，从而得出这三个数的连比。求法如下：

$(ii)\times3$ $15x+z=9y$	$(i)\times15$ $15x+15z=15y$
$(i)\times1$ $\underline{x+z=y}(-$	$(ii)\times3$ $\underline{15x+z=9y}(-$
$14x=8y$	$14z=6y$
即$7x=4y$	即$7z=3y$
$\therefore$ $x:y=4:7$	$\therefore$ $y:z=7:3$

于是得 $\qquad x:y:z=4:7:3$

这4、7、3是最简单的增减率，实际上，只要连比能等于4:7:3的三个数（即以任何相同的数乘4、7、3所得的三数），都可作增减率。举例来说，譬如我们最初求到的公鸡、母鸡、小鸡的只数是0、25、75（这当然不是真正的答

案），如果用4、7、3的2倍（即8、14、6）来增减，可得第二种答案8、11、81；如果用4、7、3的3倍（即12、21、9）来增减，可得第三种答案12、4、84。

三

现在来把上面两节所讲的做出一个总结：

解三种东西的混合题，可先假定其中的一种东西没有，而改原题为两种东西的混合题，求出这两种东西的件数来。然后用代数方法求增减率，依法增减而得所求的答案。

既然我们可以假定没有公鸡，先求出其他两种鸡的只数，然后用增减率算出所求的答案，那么能不能假定没有母鸡，仿上法求得答案呢？

试验一下，改原题为："公鸡每只值五文钱，小鸡每三只值一文钱，买这两种鸡共一百只，恰巧值钱一百文，问：两种鸡各买几只？"用下法求解：

如果100只全是公鸡，应值钱5文×100=500文，现在只值100文，少了500文–100文=400文，是为了其中有比较便宜的小鸡。如果其中有小鸡1只，价值就比全是公鸡要少

5 文 $-\dfrac{1}{3}$ 文 $=4\dfrac{2}{3}$ 文，现在共少400文，可见其中所有小鸡的双数是 $400\div4\dfrac{2}{3}=85\dfrac{5}{7}$ 。列成简单的算式，应是

$$(5\times100-100)\div\left(5-\dfrac{1}{3}\right)=85\dfrac{5}{7}\cdots\cdots\cdots\cdots小鸡的只数$$

$$100-85\dfrac{5}{7}=14\dfrac{2}{7}\cdots\cdots\cdots\cdots\cdots\cdots公鸡的只数$$

到这里，似乎又闹了笑话，鸡怎样会有几分之几只呢？但是不要紧，这本来就不是真正的答案，还要用增减率来加减才能适用，我们不是已经说过吗？用任何相同的数去乘4、7、3，所得的都可用作增减率。现在求得的数既然有分数，而它的分母是7，那么可用 $\dfrac{1}{7}$ 乘4、7、3，得 $\dfrac{4}{7}$ 、1、 $\dfrac{3}{7}$ ，增减四次后就把分数去掉，得到所求的答案。

现在直接爽快一点，用 $\dfrac{4}{7}$ （即 $\dfrac{1}{7}$ 的4倍）乘4、7、3，得 $2\dfrac{2}{7}$ 、4、 $1\dfrac{5}{7}$ ，做第一次增减，以下仍用4、7、3增减，得下列的三种答案：

	公 鸡	母 鸡	小 鸡
答案一	$14\dfrac{2}{7}-2\dfrac{2}{7}=12$ ，	$0+4=4$,	$85\dfrac{5}{7}-1\dfrac{5}{7}=84$
答案二	$12-4=8$ ，	$4+7=11$,	$84-3=81$
答案三	$8-4=4$ ，	$11+7=18$,	$81-3=78$

同理，又可假定没有小鸡，改原题为："公鸡每只值五文钱，母鸡每只值三文钱。买这两种鸡共一百只，恰巧值钱

一百文, 问: 两种鸡各买几只? "解这一个问题, 可以凑一个现成, 只需照前法改小鸡为母鸡, 就是把前举算式中的 $\frac{1}{3}$ 换作3, 得

$$（5×100-100)÷(5-3)=200\cdots\cdots\cdots\cdots 母鸡的只数$$

$$100-200=-100\cdots\cdots\cdots\cdots\cdots\cdots 公鸡的只数$$

这就奇怪了, 一共100只鸡, 其中的母鸡却有200只, 而且公鸡的只数竟变成了负数, 这一回大概总要碰壁了。其实还是不要紧, 我们有了增减率这件法宝, 无论怎样的难关都可以走得通, 绝对用不着担忧。不信可以试验: 公鸡负100只, 每用4、7、3增减一次, 就少负4只, 增减26次后, 不是就成了正数吗? 现在仍旧直接一点, 用26乘4、7、3, 得104、182、78, 做第一次增减, 以下用常法得三种答案:

	公 鸡	母 鸡	小 鸡
答案一	-100+104=4,	200-182=18,	0+78=78
答案二	4+4=8,	18-7=11,	78+3=81
答案三	8+4=12,	11-7=4,	81+3=84

四

其实，百鸡问题在算术中就是一个"混合比例题"。因为一百只鸡值钱一百文，平均每只恰值钱一文，所以可先求出三种鸡的原价较平均价"损"多少或"益"多少，从而求它们的混合量的比，再用比例分配法，就得三种鸡的只数。现在列表说明如下：

平均价	品名	原价	比较	混合量的比					
	公鸡	5文	损4文	1	1	2	1	3	……
1文	母鸡	3文	损2文	1	2	1	3	1	……
	小鸡	$\frac{1}{3}$文	益$\frac{2}{3}$文	9	12	15	15	21	……

看上面的一张表，若公鸡和母鸡都作一文卖，则两种各一只要损失4文+2文=6文。但小鸡也作一文卖，每只可得利益$\frac{2}{3}$文，要得利益6文，所卖小鸡的只数应是$6 \div \frac{2}{3} = 9$。所以要损、益相抵（即没有损也没有益，每只鸡平均恰值一文），混合量的比当为1∶1∶9。于是按照这一个连比来把100

只鸡分配成三份。但是鸡数一定要整数，而1+1+9=11，这11不是100的约数，所以这连比不适用。继续用从小到大的整数假定为公鸡和母鸡的只数，仿上法算出小鸡的只数，就得种种不同的混合量比。查得其中的3∶1∶21是适用的，于是按照它来分配如下：

因为　　　　　　　　　　3+1+21=25

所以公鸡有　　　　　　$100只×\frac{3}{25}=12只$

母鸡有　　　　　　　　$100只×\frac{1}{25}=4只$

小鸡有　　　　　　　　$100只×\frac{21}{25}=84只$

如果把混合量的比继续推求下去，一定还可以得到两个适用的连比——8∶11∶81，2∶9∶39。但是计算起来很费事，不如用增减率加减来得简便。

我们再用老办法来假定没有公鸡或没有母鸡，试一试是否也可以用混合比例做。

平均价	品名	原价	比较	混合量的比			
	母鸡	3文	损2文	$\frac{2}{3}$	简约得		1
1文							
	小鸡	$\frac{1}{3}$文	益$\frac{2}{3}$文	2			3

因为　　　　　　　　　　1+3=4

所以母鸡有　　　　　　$100只×\frac{1}{4}=25只$

小鸡有 $\qquad$ 100只$\times\dfrac{3}{4}$=75只

平均价	品名	原价	比较	混合量的比	
1文	公鸡	5文	损4文	$\dfrac{2}{3}$	1
	小鸡	$\dfrac{1}{3}$文	益$\dfrac{2}{3}$文	简约得 4	6

因为 $\qquad$ 1+6=7

所以公鸡有 $\qquad$ 100只$\times\dfrac{1}{7}$=$14\dfrac{2}{7}$只

小鸡有 $\qquad$ 100只$\times\dfrac{6}{7}$=$85\dfrac{5}{7}$只

以上两次所得的结果，都跟前面求到的一样，可用增减率加减而得三种答案。

假定没有小鸡的时候，公鸡和母鸡的原价跟平均价比较起来，都是损失的，因为它们不能相抵，所以求不出答案来。

五

从代数学的观点来考察，这百鸡题就是一个不定方程式问题。因为它有三个未知数，而只能列两个方程式，所以答案可以不止一种。

设公鸡x只，母鸡y只，小鸡z只，则公鸡共值钱$5x$文，母鸡共值钱$3y$文，小鸡共值钱$\frac{1}{3}z$文。依题意列方程式：

$$\begin{cases} x+y+z=100 \cdots\cdots\cdots\cdots\cdots\cdots\cdots(i) \\ 5x+3y+\dfrac{1}{3}z=100 \cdots\cdots\cdots\cdots\cdots(ii) \end{cases}$$

$(ii)\times 3$　　$15x+9y+z=300$

$(i)\times 1$　　　$x+y+z=100\,(-$

$14x+8y=200$

∴　　　　$7x+4y=100 \cdots\cdots\cdots\cdots\cdots\cdots(iii)$

从(iii)式，因为$4y$和100都是4的倍数，所以x一定也是4的倍数。从小到大顺次用4的倍数来代(iii)中的x，算出y

和z的值, 列成下表:

x	4,	8,	12,	16,	20,	……
y	18,	11,	4,	−3,	−10,	……
z	78,	81,	84,	87,	90,	……

表中只有前面的三组对应值是正整数, 也就是本题的三组答案。

现在又要来试验我们的老办法了, 假定方程式中的x是0, 得

$$\begin{cases} y+z=100 \cdots\cdots\cdots\cdots\cdots\cdots\cdots\cdots (i) \\ 3y+\dfrac{1}{3}z=100 \cdots\cdots\cdots\cdots\cdots\cdots (ii) \end{cases}$$

$(ii) \times 3 - (i)$, 得　　　　$8y=200$

∴　　　　　　　　　$y=25,\ z=75$

再假定y是0, 得

$$\begin{cases} x+z=100 \cdots\cdots\cdots\cdots\cdots\cdots\cdots\cdots (i) \\ 5x+\dfrac{1}{3}z=100 \cdots\cdots\cdots\cdots\cdots\cdots (ii) \end{cases}$$

$(ii) \times 3 - (i)$, 得　　　　$14x=200$

∴　　　　　　　$x=14\dfrac{2}{7},\quad z=85\dfrac{5}{7}$

末了, 假定z是0, 得

$$\begin{cases} x+y=100 \cdots\cdots\cdots\cdots\cdots\cdots\cdots\cdots (i) \\ 5x+3y=100 \cdots\cdots\cdots\cdots\cdots\cdots\cdots (ii) \end{cases}$$

$(ii)-(i)\times 3$, 得　　　$2x=-200$

$\therefore$　　　　　　　　$x=-100, y=200$

这三次的结果跟以前求到的仍是一样, 都可利用增减率来算出所求的答案。

六

这一个百鸡问题现在已经有了许多不同的解法，但是大多数要用到增减率，而且不用增减率的两种方法又要屡次推求，在好多组的数值中选出几组来做答案，这样都还有些不便，清骆春池的《艺游录》一书中，用"大衍求一术"来解百鸡题，这才是最完善的一种解法，详见本书第三篇"韩信点兵"。又用现今代数中不定方程式的普遍解法，也可解百鸡题，请参阅本书第四篇"时老先生的难题"。

自从《张邱建算经》创立百鸡问题以后，历代算书中都未见阐发，直到清时曰淳著《百鸡术衍》一书，把原题推广，造出各种变例，于是这一问题才引起了世人的注意。

《百鸡术衍》所设问题，数目都很繁，本书不再介绍。这里另举两个有趣味的同类问题，用作本文的结尾，并可窥见问题变化的一斑。

目今江南一带的民间，还流传着一个买蛋的算题，农民把它称作"鹅五鸭三鸡半子"。题目的意思是说：用一百个铜钱（也叫铜子）买三种蛋共一百个，鹅蛋每个值五个铜钱，鸭蛋每个值三个铜钱，鸡蛋每个值半个铜钱。有些不懂算术的人，也能用心算求出它的答案。现在假定没有鹅蛋，仿照"大和尚每人吃馒头三个，小和尚两人吃馒头一个"的问题，解得鸭蛋是二十个，鸡蛋是八十个。再用代数方法求增减率，得五、九、四，加减后可得两种答案："鹅蛋五个，鸭蛋十一个，鸡蛋八十四个。""鹅蛋十个，鸭蛋两个，鸡蛋八十八个。"

清梅循齐的"增删算法统宗"里，载着一个买牛的问题："银百两买牛百头，大牛每头十两，小牛每头五两，犊子每头五钱，求三种牛数。"答案只有一种，即"大牛一，小牛九，犊子九十。"解法可仿和尚吃馒头问题，假定没有大牛，由小牛一头值银五两，犊子八头值银四两，可知小牛和犊子共九头值银九两，现在共百头值银百两，故得小牛 $11\frac{1}{9}$（即 $100 \times \frac{1}{9}$）头，犊子 $88\frac{8}{9}$（即 $100 \times \frac{8}{9}$）头。再求增减率，得9：19：10，用它的 $\frac{1}{9}$，即 $1 : 2\frac{1}{9} : 1\frac{1}{9}$ 来加减，就得前举的答案。

读者可仿照百鸡问题，用别的方法来试解以上两题。

韩信点兵

百鸡问题是一个不定方程式问题，但是因为答案必须是正整数，所以它的组数有限。说到不定方程式的问题，在张邱建以前，实际早就有过。《孙子算经》中的"物不知数"，就是这一类的题目。现在把原题抄录于下：

"今有物不知其数，三三数之，剩二；五五数之，剩三；七七数之，剩二。问物几何？"

题目的意思，就是说把许多东西每三个一数，即每次取掉三个，这样一次一次地取下去，最后还剩两个；重新每五个一数，即每次取掉五个，最后剩三个；又每七个一数，最后剩两个，要我们求出这东西的个数。

后人把这一个题目称作"韩信点兵"，它的答案原可多到无穷，但通常只取一个最小的答案。

《孙子算经》在这题目的后面附答案如下：

"答曰：二十三。"

我们把这答案验算一下, 知道它跟题中的条件是完全符合的。其实, 这二十三就是以三除得余数二, 以五除得余数三, 以七除得余数二的一个最小的数。

紧接着上举的答案,《孙子算经》中又有如下的两段话:

"术曰: 三三数之剩二, 置一百四十; 五五数之剩三, 置六十三; 七七数之剩二, 置三十, 并之, 得二百三十三, 以二百一十减之, 即得。"

"凡三三数之剩一, 则置七十; 五五数之剩一, 则置二十一; 七七数之剩一, 则置十五, 一百零六以上以一百零五减之, 即得。"

我们把这两段话加以研究, 知道后一段是解这一类问题的总法则, 前一段却是本题的解法。

把这法则说得明显一点, 就是:

拿原数被三除所得的余数去乘七十, 被五除所得的余数去乘二十一, 被七除所得的余数去乘十五, 再求出这三个乘积的和, 如果这和数比一百零五小, 那就是所求的答案; 否则, 必须减去一百零五的倍数, 得到小于一百零五的答案。

由此可列出韩信点兵问题的算式如下:

$$70 \times 2 + 21 \times 3 + 15 \times 2 = 140 + 63 + 30 = 233$$

$$233 - 105 \times 2 = 233 - 210 = 23$$

有了这一个法则，凡是除数为三、五、七的同类问题，都可依法求出答案来。例如："求以三除得余数一，以五除得余数四，以七除得余数三的最小数。"可由下列算式，求得答案是94。

$$70 \times 1 + 21 \times 4 + 15 \times 3 = 70 + 84 + 45 = 199$$

$$199 - 105 = 94$$

宋代周密的《志雅堂杂钞》中，曾经记载过这一种算法，该书称它是《鬼谷算》，又名"隔墙算"。这书里还附有诗歌一首，其中暗藏着计算时所用的各数，以便于记忆。原词如下：

"三岁孩儿七十稀，五留廿一事尤奇，

七度上元重相会，寒食清明便可知。"

（"上元"指十五；又冬至后一百零五日为清明，故"寒食清明"暗指一百零五。）

明程大位的"算法统宗"里也载这一个算法，韩信点兵的名称就出于此书。这本书里也附一首诗歌，它的意义比周密的来得明显，所以流传得比较广些，原词如下：

"三人同行七十稀，五树梅花廿一枝，

七子团圆正半月，除百零五便得知。"

　　韩信点兵问题已经有了一个固定的解法，我们是否可以认为满足呢？这当然还是不满足的。因为问题中的除数如果不是三、五、七，那么这解法就完全不适用了。

　　但是有了这个解法，我们可以把它研究一番，从而得出任何除数的问题的一般解法。

　　首先我们问：这七十、二十一、十五和一百零五共计四个数各有什么性质？

　　这不难回答：七十是五、七的公倍数，而比三的倍数多一；二十一是三、七的公倍数，而比五的倍数多一；十五是三、五的公倍数，而比七的倍数多一；一百零五是三、五、七的最小公倍数。

　　其次再问：为什么这样算出的答数是对的？

　　要解答这一个问题，我们必须复习一下算术中学过的关于倍数的三条定律：

（1）如果几个数都是某数的倍数，那么这几个数的和也是某数的倍数。

（2）如果两个数都是某数的倍数，那么这两个数的差也是某数的倍数。

（3）如果甲数是乙数的倍数，那么甲数的倍数也是乙数的倍数。

根据倍数定律（1）和（3），由下式可以明白孙子原题的解法中所用140、63和30三个数的性质，以及它们的和数233是合于题设条件的数（但不是最小的一个）。

$140=70×2=（3的倍数+1）×2=3的倍数×2+1×2=3的倍数+2,$

$63=21×3=（5的倍数+1）×3=5的倍数×3+1×3=5的倍数+3,$

$30=15×2=（7的倍数+1）×2=7的倍数×2+1×2=7的倍数+2。$

由　140=3的倍数+2　　由140=5的倍数　　　由140=7的倍数

　　　63=3的倍数　　　　　63=5的倍数+3　　　63=7的倍数

　　　30=3的倍数（+　　　30=5的倍数（+　　　30=7的倍数+2（+
　　　―――――――――　　―――――――――　　―――――――――
得　233=3的倍数+2　得　233=5的倍数+3　得　233=7的倍数+2

又根据倍数定律（2），由下式可以明白从233减去210后，所得的23是合于题设条件的最小数。

由　　233=3的倍数+2=5的倍数+3=7的倍数+2

　　　　210=3的倍数　=5的倍数　=7的倍数（-
　　　――――――――――――――――――――――――
得　　　23=3的倍数+2=5的倍数+3=7的倍数+2

现在只留下一个问题了。我们问：这七十、二十一和十五是怎样求出来的（一百零五是三、五、七的最小公倍数，求法当然不成问题）？

先看除数是五的时候所用的二十一，恰巧是三、七的最小公倍数；再看除数是七的时候所用的十五，恰巧是三、五的最小公倍数，这两数的求法似乎很简单。可是，除数是三的时候所用的七十，却是五、七的最小公倍数（三十五）的二倍，这是什么缘故呢？这问题不难回答，因为二十一被五除，十五被七除恰巧都余一，而三十五被三除却余二，必须以二乘三十五，所得的七十被三除才能余一，并且这个数仍然是五、七的公倍数。

我们把题中的除数三、五、七换成别的数来研究。设三次的除数是五、八、九，这时候八、九的最小公倍数72被五除并不余一；五、九的最小公倍数45被八除也不余一；五、八的最小公倍数40被九除仍不余一，它们都跟五、七的最小公倍数被三除不余一完全一样。

从此可见，孙子原题所用的二十一是三、七的最小公倍数，十五是三、五的最小公倍数，这都是碰巧的；而一般还需求出一个适当的数来乘这一个最小公倍数。解这类问题的主要关键，就在于求这一个适当的乘数。

宋秦九韶著《数书九章》，其中有一种算法，叫作"大

"衍求一术"，就是这一类问题的一般解法。但原书的解法还嫌稍繁，清黄宗宪在《求一术通解》里又把它简化。

现在根据这两本书，把三、五、七叫作"定母"，分别列成两行，把它们的最小公倍数105叫作"衍母"，而每一行用其他两行定母的最小公倍数做"衍数"，把孙子原题的数列成简明的表：

行次	定母	衍母	衍数	剩数
一	3		35	2
二	6	105	21	3
三	7		15	2

现在要解决的主要问题是：每一行的衍数应该用哪一个适当的数去乘，所得的积被本行定母除才能余一？秦九韶称这所求的乘数为"乘率"。

要求第一行的乘率，实际就是要求下列（i）式中的x：

$$35x=3的倍数+1\cdots\cdots\cdots\cdots（i）$$

由实验，知道 $\quad 35\times1=3的倍数+2\cdots\cdots\cdots\cdots（ii）$

即 $\quad 35\times1=3的倍数-1\cdots\cdots\cdots\cdots（iii）$

（ii）（iii）相加，得 $\quad 35\times2=3的倍数+1\cdots\cdots\cdots\cdots（iv）$

比较（i）（iv），得所求的乘率 $\quad x=2$

秦九韶把上举求乘率的方法，定出了一个普遍的法则，后来又经黄宗宪加以简化，求起来就非常容易。这法则是列衍数在左行,定母在右行,两数"辗转累减"。所谓辗转累减,其实就是求最大公约数时所用的辗转相除,不过因为最后要在衍数一行保留一个余数一,即使除得尽也不让它除尽,所以称作累减。在未减时我们先在衍数旁边记一个数1,叫作"寄数";但定母旁边没有寄数。于是在衍数和定母中,从较大的一个数累减较小的一个数,到所余的不满减数时就反减。照此进行,直到在衍数行下余1为止。在累减时需注意寄数的变化:(1)减数没有寄数的,余数的寄数与被减数相同;(2)被减数没有寄数的,依累减的次数定余数的寄数;(3)被减数与减数都有寄数的,依累减的次数来倍减数的寄数,并入被减数的寄数中,用来做余数的寄数。最后在衍数行下所余的1的寄数,就是所求的乘率。

下面就是求第一行乘率的简式:

	寄数	衍数	定母	寄数	
	1	35	3	1	
(首先累减3共11次)		33	2	1	(其次减2
(最后减1也是1次)	1	2	1		仅1次)
(1+1=2)	1	1			
	2	1			

$\therefore$　乘率是2

第二行和第三行的乘率，本来一看就知道都是1，但也可根据上述的法则，列式计算如下：

寄数	衍数	定母
1	21	5
1	20	
	——	
	1	

∴　乘率是1

寄数	衍数	定母
1	15	7
	14	
	——	
1	1	

∴　乘率是1

既得各行的乘率，就可另列一表，算出各行的"用数"（即以三除余二，以五除余三，以七除余二的三个数），相加而得"总数"（即合于题设而不一定是最小的数），再累减衍母，到不满衍母时即为所求的数。

行次	衍数	乘率	剩数	用数
一	35	2	2	140
二	21	1	3	63
三	15	1	2	30

总数=233

衍母的2倍=210（－

所求数=23

到这里，韩信点兵的问题才算彻底解决了。我们不妨另设问题，用这普遍的法则来求它的解答：

"橘子一箱，分作五只一堆，剩四只；分作八只一堆，剩两只；分作九只一堆，剩五只。问：这一箱橘子至少有几只？"

列表解答如下：

行次	定母	衍母	衍数	乘率	剩数	用数
一	5		72	3	4	864
二	8	360	45	5	2	450
三	9		40	7	5	1400

总数=2714

衍母的7倍=2520（一

所求的橘子数=194

上表中各行的乘率，是从下式求得的：

第一行

寄数	衍数	定母	寄数
1	72	5	
	$\dfrac{70}{2}$	$\dfrac{4}{1}$	$\dfrac{2}{2}$
1			
2	$\dfrac{}{1}$		
3			

第二行

寄数	衍数	定母	寄数
1	45	8	
	$\dfrac{40}{5}$	$\dfrac{5}{3}$	$\dfrac{1}{1}$
1	$\dfrac{}{3}$	$\dfrac{}{2}$	$\dfrac{2}{2}$
1	$\dfrac{}{2}$	$\dfrac{}{1}$	$\dfrac{3}{3}$
2	$\dfrac{}{1}$		
3			
5			

第三行

寄数	衍数	定母	寄数
1	40	9	
	$\dfrac{36}{4}$	$\dfrac{8}{1}$	$\dfrac{2}{2}$
1	$\dfrac{}{3}$		
6	$\dfrac{}{1}$		
7			

∴ 乘率是3。　　∴ 乘率是5。　　∴ 乘率是7。

以上求各行乘率的步骤，较孙子原题略繁，现在再把第二、三两行的原理重新说明一下：

因为 $45×1=8$ 的倍数 $+5$ ············· (i)

就是 $45×1=8$ 的倍数 -3 ············· (ii)

$(i)+(ii)$ $45×2=8$ 的倍数 $+2$ ············· (iii)

$(ii)+(iii)$ $45×3=8$ 的倍教 -1 ············· (iv)

$(iii)+(iv)$ $45×5=8$ 的倍数 $+1$

∴ 第二行的乘率是5。

又因 $40×1=9$ 的倍数 $+4$ ············· (i)

$(i)×2$ $40×2=9$ 的倍数 $+8$

就是 $40×2=9$ 的倍数 -1 ············· (ii)

$(ii)×3$ $40×6=9$ 的倍数 -3 ············· (iii)

$(i)+(iii)$ $40×7=9$ 的倍数 $+1$

∴ 第三行的乘率是7。

于此可见，这一个求乘率的方法实在是非常巧妙。

这里再附录一个诗歌体的古算题，让读者自己做一练习：

"元宵佳节闹盈盈，来往观灯街上行，

上下灯球光闪烁，几遭绕走数难清，

从头五数恰无零，七数二瓯犹未停，

九数之时剩四盏，红灯几盏放光明？"

"答曰：三百十盏。"

本题就是求以五除尽，以七除余二，以九除余四的数。但需注意，除数为五时的剩数是零，这一行的用数也是零，所以本行求乘率的步骤可以省去。

三

　　黄宗宪《求一术通解》中，另有利用"反乘率"来解韩信点兵一类问题的方法。这解法也很巧妙，现在来做一简略介绍。

　　衍数倍若干倍后，所得的数比定母的倍数多一，这若干倍就是乘率；衍数倍若干倍后，所得的数比定母的倍数少一，这若干倍就是反乘率。

　　孙子原题中，以三为除数时余二，实际就是不足一；以五为除数时余三，就是不足二；以七为除数时余二，就是不足五。我们把各行的衍数、反乘率和不足数连乘，所得的也叫用数，可仿前法并得总数，再减去衍母的倍数而得所求数。

　　求反乘率方法跟求乘率方法大同小异，也用辗转累减，但求到定母行下余一为止，这余数一上的寄数就是反乘率。

利用反乘率解孙子原题如下：

行次	定母	衍母	衍数	反乘率	不足数	用数
一	3		35	1	1	35
二	5	105	21	4	2	168
三	7		15	6	5	450

总数=653

衍母的6倍=630（－

所求数=23

求反乘率的算式如下：

	第一行				第二行				第三行		
寄数	衍数	定母	寄数	寄数	衍数	定母	寄数	寄数	衍数	定母	寄数
1	35	3		1	21	5		1	15	7	
	33	2	1		20	4	4		14	6	6
1	2	1	1	1	1	1	4	1	1	1	6

∴ 反乘率是1　　　　∴ 反乘率是4　　　　∴ 反乘率是6

现在用第二行做代表，来说明求反乘率的原理：

因为　　　　　　　21×1=5的倍数+1

以4乘得　　　　　21×4=5的倍数+4

就是　　　　　　　21×4=5的倍数−1

所以知道反乘率是4。

其余各步计算的原理，都跟前节所讲的类似。

　　读者可仿上法把前节所举"橘子分堆"的问题练习一下，其中的各行求反乘率时都可比原法省去一次累减的步骤。

四

　　韩信点兵的问题，经过了一番周折，才算达到了豁然贯通的地步，似乎可以就此搁笔了。然而一定有人认为除数限于三个，而其中任何两个都是互质数（即除一以外没有公约数），还只是一些特例，所以应该继续推广，创立更普通的解法。

　　下面举一个除数多于三个，而各除数中的某几个有除一以外的公约数的例题：

　　"韩信要统计他的部下几万名兵士的人数，先叫他们分做7人一列，最后还剩3人；再分做143人一列，剩105人；又分做312人一列，剩27人；分做715人一列，剩248人。问：兵士共有多少人？"

　　这个问题中的四个除数，称作"泛母"，应先用因数分解法，把它们化作质因数连乘式，分列四行，然后把各行重复见到的质因子去掉，其余的质因数上面各做一个记号

"★"，把这些质因子连乘，做各行的定母。其余的解法跟以前的一样。但若某行泛母的质因子恰巧完全去掉，那么此行作废，不必求乘率，也没有用数。

现任分列两表，并附求乘率的算式，把上题解答如下：

行次	泛母	析母	定母	衍母	衍数	附注
一	7	7★	7		17160	
二	143	11×13				废位
三	312	2★×2★×2★×3★×13★	312	120120	385	
四	715	5★×11★×13	55		2184	

第一行

寄数	衍数	定母	寄数
1	17160	7	
	17157	6	2
1	3		2
4	2	1	
6	1		

∴ 乘率是5

第三行

寄数	衍数	定母	寄数
1	385	312	
	312	292	4
1	73	20	4
12	60	13	13
13	13	7	17
17	7	6	30
30	6	1	47
235	5		
265	1		

∴ 乘率是265

第四行

寄数	衍数	定母	寄数
1	2184	55	
	2145	39	1
1	39	16	1
2	32	14	6
3	7	2	7
21	6		
24	1		

∴ 乘率是24

行次	衍数	乘率	剩数	用数
一	17160	5	3	257400
三	385	265	27	2754675
四	2184	24	248	12999168

总数=16011243
衍母的133倍=15975960（－
所求的兵士数=35283

上举解法的原理,现在要重加说明的是:第一,为什么题中的各除数只能作为泛母,必须要去掉重见的质因数后才能做定母?

这问题的答案是这样:如果我们把泛母作为定母,那么用它来除衍数或衍数的倍数,有时可以除尽,即不能余一,问题就无法解决。例如本题各行泛母中重见的质因数如果不去掉,那么第二行的衍数应是 $7 \times 312 \times 715 = 1561560$,用定母来除它,恰巧除尽,于是就求不出本行的乘率和用数,那总数当然也无法可求了。

第二,为什么去掉泛母中重见的质因子后,依法求得的总数仍合题设条件?

就本题的数来解答这个问题:首先,因第一、三两行的定母就是泛母,所以求得的用数257400一定比7的倍数多3;2754675也比312的倍数多27,这样求得的总数当然会适合题设的第一、三两个条件,跟孙子原题的原理是相同的。

其次,像第四行,去掉一部分质因子后,求得的总数仍合题设的第四条件,可用下式来说明:

因 所求数=312的倍数+27=13的倍数+27

所求数=715的倍数+248=13的倍数+248〔倍数定律(3)〕

∴ 13的倍数+27=13的倍数+248

就是　　248−27=13的倍数　　　　　　　　〔倍数定律（2）〕

又因　　总数=257400+2754675+12999168

∴　　　总数−248=257400+（2754675−27）+12999168−（248−27）

　　　　　=312的倍数+312的倍数+312的倍数−13的倍数

　　　　　=13的倍数　　　　　　〔倍数定律（1）、（2）、（3）〕

但　　　总数−248=55的倍数

∴　　　总数−248=（13×55）的倍数=715的倍数

就是　　总数=715的倍数+248

　　最后，像第二行，去掉全部的质因子，成了废位后，求得的总数仍合题设的第二条件，可用下式来说明：

因　　　所求数=715的倍数+248=11的倍数+248

　　　　所求数=143的倍数+105=11的倍数+105

故同前理，知道248−105=11的倍数

　　　总数−105=257400+2754675+（12999168−248）+（248−105）

　　　　　=11的倍数…………………………………（i）

又由　　所求数=312的倍数+27=13的倍数+27

　　　　所求数=143的倍数+105=13的倍数+105

得　　　　　　　　　105−27=13的倍数

　　　总数−105=257400+（2754675−27）+12999168−（105−27）

　　　　　=13的倍数…………………………………（ii）

于是由（i）（ii）知总数−105=（11×13）的倍数=143的倍数

就是　　　　　总数=143的倍数+105

此外，像求乘率和累减衍母等的原理，都跟孙子原题相同，不必再加以说明了。

五

　　用大衍求一术解百鸡问题，非但不要求增减率，而且也不要在许多组数值里面选出几组答案来，所以是最便利的解法。

　　我们从前篇第五节的一个二元不定方程式

$$7x+4y=100$$

知道$7x$是7的倍数，又由除法算得100比7的倍数——$7×14=98$多2，所以$4y$一定也比7的倍数多2。但$4y$是4的倍数，所以只需求出以4除尽，而以7除余2的数，就是$4y$的值。这无疑是一个含有两个除数的韩信点兵问题，它的解法如下：

行次	定母	衍母	衍数	乘率	剩数	用数
一	4	28	7		0	0
二	7		4	2	2	16

　　第一行的剩数是0，做废位，不用求乘率。第二行的乘

率2由下式求得：

寄数	衍数	定母	寄数
1	4	7	
1	3	4	1
2	1	3	1

依法求得总数是0+16=16，不满衍母，这就是$4y$的最小值。再累加衍母，得16+28=44，44+28=72，是$4y$的较大值。由此求y的值，得

$$16 \div 4 = 4, \qquad 44 \div 4 = 11, \qquad 72 \div 4 = 18$$

就是三组答案中的母鸡的只数。代入方程式$7x+4y=100$和$x+y+z=100$，就可求得公鸡和小鸡的只数。

时老先生的难题

　　研究历史的人，都知道周代的左邱明瞎了双目，著有一部有名的史书，名叫《左传》。事情巧得很，清代的时日淳也曾两眼失明，著了一部名叫《百鸡术衍》的算书，流传于后世。

　　清华世芳的"近代畴人著述记"里，载有时日淳的传记。其中一段的大意是："时先生对求一术很有研究，他因为大衍求一术的算法很繁，初学者不易找到头绪，于是著《求一术指》一书，给予初学者不少帮助，他在老年时瞎了双目，但还能用手打着算盘，叫他的儿子依着他嘴里的话写成了一本《百鸡术衍》。这本书把张邱建的百鸡问题加以推广，造出三种东西的价格都含分数的复杂问题，尽量发挥通分的妙用。而且每一个题目都列两种解法，一种利用方程式，一种利用求一术，显示出两者间的联系。"

　　从这一段话，知道时先生不但精通数理，能推阐古人的算法，而且他在年老有病的时候，还能努力研究，这种精神是值得我们敬佩的。可是，他在《百鸡术衍》的例言第十条中，写有"加较""减较"两题还没有想出简捷算法的话，可见学问无穷，即使像时先生那样的天才，单靠个人的智慧，也还是研究不尽的。

与时曰淳同时代的黄宗宪对求一术也有研究，曾受老师丁取忠的委托，校对《百鸡术衍》，见了这一条例言，心里很怀疑。校完之后，他的老师拿两个问题给他，说是时先生来函询问的。黄宗宪仔细一看，原来就是"加较""减较"的两个题目。他思索了一整天，终于找到了简捷的解法，附录在《百鸡术衍》的后面。后来他自著《求一术通解》一书，又把这两个题目附在书里，称作《求一术别题》，并且将前法加以变通，举例演草，于是求一术的应用又推进了一步。

"儿童28人，分桃643只，不尽。取去17只后再分，仍旧不尽。于是逐次取去17只，直到所余的恰巧可被28人分尽为止，问：至少需取几次？"这就是"减较"一类的问题。

黄宗宪解这类问题的方法是这样的：

设在桃643只内每次取去17只，取 x 次后，所余的可被28人分尽，则得式

$$643-17x=28的倍数$$

移项得　　　　　　　$17x+28的倍数=643$

由除法知　　　　　　$643=28的倍数+27$

代入前式得　　　$17x+28的倍数=28的倍数+27$

　　　　　　$17x=28的倍数+27〔倍数定律（2）〕\cdots(i)$

把17当作衍数，28当作定母，由下式可求得乘率是5：

寄数	衍数	定母	寄数
1	17	28	
1	11	17	1
2	6	11	1
3	5	6	2
5	1	5	3

$$\therefore \qquad 17 \times 5 = 28的倍数 + 1$$

以27乘得 　　$17 \times 135 = 28的倍数 + 27$〔倍数定律（3）〕…($ii$)

比较（i）（ii），　　　知道$x = 135$

就是在643内累次去掉17，经135次后所余的可被28除尽。但事实上643不满17的135倍，所以135不是最小的答案，应该再累减定母28，经4次后，得最小的答案135−28×4=23。即在643只桃中每次取去17只，至少需取23次，那余下的才能被28人分尽。

上举解法的原理很简单，但最后累减定母的理由，还应该说明一下：

因 　　　　　　$643 - 17 \times 135 = 28的倍数$

　　$\therefore$ 　$643 - 17 \times 135 + 17 \times 28 = 28的倍数$〔倍数定律（1）〕

就是 　　$643 - 17 \times (135 - 28) = 28的倍数$

　　　　　　　$643 - 17 \times 107 = 28的倍数$

同法得 　$643 - 17 \times (107 - 28) = 28的倍数$

∴ 643−17×23=28的倍数（因23=135−28−28−28−28）

清曾纪鸿曾经用西洋代数不定方程式的普遍解法，解了韩信点兵的问题，现在摹仿它来解减较问题，读者如果把两法比较一下，自然可以知道，中国的求一术列式简洁明了，易于找到答案，比西洋的不定方程式解法优越得多。

下面便是利用不定方程式来解减较问题的方法：

设每次取去桃17只，在643只内取x次后，所余的桃给28人分，每人得m只，

则 $643-17x=28m$

移项得 $17x=643-28m$

去系数得 $x=\dfrac{643-28m}{17}=\dfrac{643-11m}{17}-m$ ············（1）

因x与m都是整数，所以$\dfrac{643-11m}{17}$也是整数。

设 $\dfrac{643-11m}{17}=n$ ···················（2）

以（2）代（1）得 $x=n-m$ ····················（3）

变（2）为 $11m=643-17n$

去系数得 $m=\dfrac{643-17n}{11}=\dfrac{643-6n}{11}-n$ ···············（4）

因m与n都是整数，所以$\dfrac{643-6n}{11}$也是整数。

设 $\dfrac{643-6n}{11}=p$ ···················（5）

以（5）代（4）得 $m=p-n$ ····················（6）

变（5）为 $6n=643-11p$

去系数得 $\qquad n=\dfrac{643-11p}{6}=\dfrac{643-5p}{6}-p$ ·············（7）

因 n 与 p 都是整数，所以 $\dfrac{643-5p}{6}$ 也是整数。

设 $\qquad\qquad\qquad \dfrac{643-5p}{6}=q$ ·················（8）

以（8）代（7）得 $\qquad n=q-p$ ·················（9）

变（8）为 $\qquad\qquad 5p=643-6q$

去系数得 $\qquad p=\dfrac{643-6q}{5}=\dfrac{643-q}{5}-q$ ············（10）

因 p 与 q 都是整数，所以 $\dfrac{643-q}{5}$ 也是整数。

设 $\qquad\qquad\qquad \dfrac{643-q}{5}=t$ ·················（11）

以（11）代（10）得 $\qquad p=t-q$ ·················（12）

变（11）为 $\qquad\qquad q=643-5t$ ·················（13）

以（13）代（12）得 $\qquad p=t-643+5t=6t-643$ ·····（14）

以（13）（14）代（9） $\qquad n=643-5t-6t+643$

$\qquad\qquad\qquad\qquad =1286-11t$ ·················（15）

以（14）（15）代（6） $\qquad m=6t-643-1286+11t$

$\qquad\qquad\qquad\qquad =17t-1929$ ·················（16）

以（15）（16）代（3） $\qquad x=1286-11t-17t+1929$

即 $\qquad\qquad\qquad x=3215-28t$

因 t 是整数，且 x 的值要最小，所以用28除3215，得商114，余23，可知

$$t=114$$

于是 $x=3215-28\times114=23$

这就是x的最小值。

三

　　"儿童26人, 分桃10只, 不足。加了37只再分, 又不尽。于是逐次加37只, 直到所有的桃恰巧能被26人分尽为止, 问: 至少需加几次?" 这就是"加较"一类的问题。

　　先照黄宗宪的方法, 用求一术解:

　　设加37于10, 经 x 次后, 所得的数恰巧能被26除尽, 得式

$$10+37x=26的倍数$$

移项得　　　　　　　$37x=26的倍数-10$ ················ (i)

　　把37当作衍数, 26当作定母, 由下式求得反乘率是7:

寄数	衍数	定母	寄数
1	37	26	
	26	22	2
1	11	4	2
4	8	3	5
5	3	1	7

　　∴　　　　　　　$37\times7 =26的倍数-1$

以10乘得　　　　　$37\times70=26的倍数-10$

　　　　　　　　　　　　　　〔倍数定律（3）〕······ (ii)

比较 (i) (ii)，知道 $\qquad\qquad x=70$

这70还不是 x 的最小值，应累减定母，经2次得70–26×2=18，这才是 x 的最小值。于是知道在桃10只上每次加37只，至少要加18次，那么所得的桃恰巧可被26人分尽。

累减定母的理由如下：

因 $\qquad$ 10+37×70=26的倍数

∴ $\qquad$ 10+37×70–37×26=26的倍数〔倍数定律（2）〕

就是 $\qquad$ 10+37×（70–26）=26的倍数

$\qquad\qquad\qquad$ 10+37×44=26的倍数

同法得 $\qquad$ 10+37×（44–26）=26的倍数

∴ $\qquad\qquad$ 10+37×18=26的倍数

再用不定方程式解：

设加37于10共 x 次，所得的和被26除，可得整商 m。得式 10+37x=26m

去系数得 $\qquad m=\dfrac{10+37x}{26}=\dfrac{10+11x}{26}+x$ ……………（1）

因 m 与 x 都是整数，所以 $\dfrac{10\quad 11}{26}$ 也是整数。

设 $\qquad\qquad \dfrac{10+11x}{26}=n$ …………………………（2）

变（2）为11x=26n–10

去系数得 $\qquad x=\dfrac{26n-10}{11}=2n+\dfrac{4n-10}{11}$ …………（3）

因 x 与 n 都是整数，所以 $\dfrac{4n-10}{11}$ 也是整数。

设 $$\frac{4n-10}{11}=p \cdots\cdots\cdots\cdots\cdots (4)$$

以（4）代（3）得 $$x=2n+p\cdots\cdots\cdots\cdots\cdots (5)$$

变（4）为 $$4n=11p+10$$

去系数得 $$n=\frac{11p+10}{4}=2p+\frac{3p+10}{4}\cdots\cdots\cdots (6)$$

因 n 与 p 都是整数，所以 $\frac{3p+10}{4}$ 也是整数。

设 $$\frac{3p+10}{4}=q\cdots\cdots\cdots\cdots\cdots (7)$$

以（7）代（6）得 $$n=2p+q\cdots\cdots\cdots\cdots\cdots (8)$$

变（7）为 $$3p=4q-10$$

去系数得 $$p=\frac{4q-10}{3}=q+\frac{q-10}{3}\cdots\cdots\cdots\cdots (9)$$

因 p 与 q 都是整数，所以 $\frac{q-10}{3}$ 也是整数。

设 $$\frac{q-10}{3}=t\cdots\cdots\cdots\cdots\cdots (10)$$

以（10）代（9）得 $$p=q+t\cdots\cdots\cdots\cdots\cdots (11)$$

变（10）为 $$q=3t+10\cdots\cdots\cdots\cdots\cdots (12)$$

以（12）代（11）得 $$p=3t+10+t=4t+10\cdots\cdots\cdots\cdots (13)$$

以（12）（13）代（8）得 $$n=8t+20+3t+10=11t+30\cdots\cdots (14)$$

以（13）（14）代（5）得 $$x=22t+60+4t+10$$

即 $$x=26t+70$$

因 t 是整数，x 要最小，所以用26除70，得商2，余18。

可知 $$t=-2$$

于是 $x=26 \times (-2) + 70 = 18$

这就是x的最小值。

四

从上面两节的例子来看, 时老先生的两个难题都是不定方程式问题, 用大衍求一术来解, 非常简捷。那么有人要问了: 一切的普通不定方程式 (即二元一次不定方程式) 是否都可用大衍求一术来解呢? 现在就来讨论这一个问题。

二元一次不定方程式的一般形式是

$$ax+by=c$$

如果我们假定上式中的 a、b、c 都表正整数, 那么上式的符号变化, 不外下列的四种形式:

$$ax+by=c\cdots\cdots\cdots\cdots\cdots\cdots(i)$$

$$ax+by=-c\cdots\cdots\cdots\cdots\cdots\cdots(ii)$$

$$ax-by=c\cdots\cdots\cdots\cdots\cdots\cdots(iii)$$

$$ax-by=-c\cdots\cdots\cdots\cdots\cdots\cdots(iv)$$

因为一般所谓解不定方程式, 都是求它的正整数根, 所以 (ii) 式没有答案, 可以除去不论。又 (i) 式中的 c 可以用

b除，若所得的商是m，余数是d，则化原式成

$$ax+by=bm+d$$

即

$$ax-b(m-y)=d$$

跟（iii）的形式完全一样，所以（i）式可归并于（iii）式内。

这样一来，普通不定方程式的各种符号变化可归并而成（iii）（iv）的两种形式。这两种形式又可改写为

$$ax=by+c\cdots\cdots\cdots\cdots\cdots\cdots\cdots\cdots（1）$$

$$ax=by-c\cdots\cdots\cdots\cdots\cdots\cdots\cdots\cdots（2）$$

从本文前面的两节，知道我们只需以a为衍数，b为定母，在（1）式则求乘率p，在（2）式则求反乘率q，于是从pc或qc累减b，直到不满b时，就是x的最小值。

由此可见，一切的二元一次不定方程式，都可用大衍求一术简捷地求到正整数的答案。

最后，我们留下一个有趣味的不定方程式问题，给读者做练习：

"某地花纱布公司的进货账上，有一笔账被洒上了墨水，变成了下图所示的样子。如果已知布疋的数量小于一百，试求出被墨水湮盖掉的数字。"答："数量是84疋，金额是21,252,000元。"

品 名	数量	单位	单 价	金					额			
				百	十	亿	千	百	十	万	千	百	十	元
市布	■	疋	253 000元	■						5	2	0	0	0

解法提示: 设数量是 x 疋, 金额是 y 十万元又5万2千元, 则以千元为金额单位, 得不定方程式

$$253x=100y+52$$

用大衍求一术解得 x、y 的最小值, 就是所求的答案 (因 x 的较大值大于一百, 所以不取)。

陈老夫子测太阳

　　"太阳离我们多远？"以及"太阳的直径是多少？"这两个问题，到近代才由天文学家根据精密的测算把它求出来。可是，在中国很古的时候，就已经有人煞费苦心地加以研究，并且得到了一些成绩。

　　中国古代的劳动人民，为了要使农作物能及时下种，有很多人注意研究天体循环和寒暑变化的规律，所以中国在远古就已经积累了许多天文方面的经验，并制定了比较完善的历法，成为世界上天文学发展最早的一个国家。

　　我国在距今约三千年前已经知道三百六十六日的阳历年，同时为了使每月的日数能配合月亮的周期，就实行十九年中增加七个闰月的办法，这就成为阴历。那时是用"土圭"来观测太阳的影子，从而确定冬至和夏至，然后算出阳历年的长短的。这些成就比西方都发现得早。那时候，我们还有一位祖老——陈子，曾经用观测日影的方法，计算出太阳和我们的距离是十万里，太阳的直径是一千二百五十里。这答案我们现在来看，虽然知道它很不精确，但那时是假定地面成平面而算出来的，他的算法却完全合理。

天文学和数学是分不开的，我国的天文学发展得早，因而数学也在很早的时候已有成就。古书里曾经记载夏代的禹测量山高的事，说他为了治理洪水，测定了各处的地形高低，在几座有名的高山上，用文字刻石，记出山的高度。我们猜想，陈子测太阳的方法，大概在夏代已经在测量上应用上了。

陈子，我们只知道他是一位姓陈的老夫子，名字已经失传，从古书里考据起来，大约是公元前七世纪或六世纪前期（周代）的人。在中国最古的算书《周髀算经》里，载有他跟荣方问答的话，中间有一段就是求太阳和我们的距离，以及求太阳的直径的方法。因为这本书里的文字很深奥，而且中间还有漏掉的字句，所以很难看得懂。我们在下一节里，根据后代人的著作，把这算法详细解释一番。读者看过以后，可以知道他的算法虽很巧妙，但是原理却并不是很深奥的。

　　周代有一种专门研究天文历法的官，他们用八尺长的杆，直立在都城（在现今河南省的洛阳）的平地上，当每天正午的时候，去测量它在太阳下的影子。他们测得夏至那一天，杆影长一尺六寸；冬至那一天，杆影长一丈三尺五寸。他们又在夏至的那天，到都城正南一千里的地方，用同法测得影长一尺五寸；正北一千里的地方，测得影长一尺七寸。于是知道：在同一处地方，太阳愈偏向南，杆影愈长；在两处地方，影长相差一寸，南北相隔一千里。

　　陈老夫子在都城里，等到影长六尺的那一天，立一根八尺长的杆；同时，命人在正北二千里的地方也立一根同样长的杆，来测它们的影子。据实测，南杆影长六尺，北杆影长六尺二寸，于是把南杆影长六尺化作寸数，得六十，乘两杆间的距离二千里，再拿两影相差的寸数二来除它，得太阳直下方的地点离南杆六万里。又把杆高八尺化作寸数，得八十,乘二千里,仍拿二除它,得太阳离地面的高八万里,不过其中少去杆高八尺。

如图一,假定地面是平的,BH是地平线,A是太阳,B是太阳直下方地面上的一点,CD、EF是两根八尺长的杆,直立在地面,南北相距二千里。当正午的时候,太阳在正南方,杆CD的影子DG长六尺,杆EF的影子FH长六尺二寸,又BK的长跟杆长相等,那么译前面的解法,可得如下的两个公式:

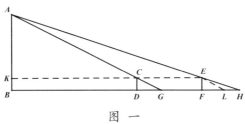

图 一

（1） $BD = \dfrac{DF \times DG}{FH - DG}$ （2） $AK = \dfrac{DF \times CD}{FH - DG}$

现在根据清代李潢的《九章算术细草图说》,写出这两个公式的证明如下:

从E引AG的平行线,与FH相交于L,

那么 $\qquad\qquad \triangle CDG \cong \triangle EFL$

$\therefore \qquad DG = FL, \qquad LH = FH - FL = FH - DG$

又 $\qquad \triangle AKC \backsim \triangle EFL, \qquad \triangle ACE \backsim \triangle ELH$

$\therefore \qquad AC : EL = KC : FL, \qquad AC : EL = CE : LH$

$$\therefore \qquad KC:FL=CE:LH$$

即 $$BD:DG=DF:(FH-DG)$$

$$\therefore \qquad BD=\frac{DF\times DG}{FH-DG} \cdots\cdots\cdots\cdots\cdots (1)$$

又仿E法得 $$AC:EL=AK:EF$$

$$\therefore \qquad AK:EF=CE:LH$$

即 $$AK:CD=DF:(FH-DG)$$

$$\therefore \qquad AK=\frac{DF\times CD}{FH-DG} \cdots\cdots\cdots\cdots\cdots (2)$$

在宋代杨辉的《续古摘奇算法》中, 还有另外的一种证法, 这里也来介绍一下:

如图二, 从 A 引 BH 的平行线, 从 G、H 各引 AB 的平行线, 得交点 L、M。又延长 DC、FE。由定理: "过平行四边形对角线上的一点, 作各边的平行线, 分原形成四个平行四边形, 其中不含原对角线的两形必相等。"得

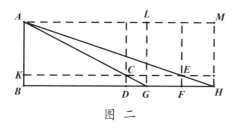

图 二

$$\square EM=\square BE, \quad \square CL=\square BC$$

减得 $$\square EM-\square CL=\square DE$$

即 $$FH\times AK-DG\times AK=DF\times CD$$

$$(FH-DG)\times AK=DF\times CD$$

$$\therefore \quad AK=\frac{DF\times CD}{FH-DG} \quad\cdots\cdots\cdots\cdots\cdots\cdots(2)$$

又因 □BC=□CL

得 $CD\times BD=AK\times DG$

$$\therefore \quad BD=AK\times\frac{DG}{CD}=\frac{DF\times CD}{FH-DG}\times\frac{DG}{CD}=\frac{DF\times DG}{FH-DG}\cdots(1)$$

求太阳和我们的距离，即求AC，陈老夫子所应用的几何定理，就是著名的《勾股弦定理》。这定理在西洋叫作"勾股定理"，但我们的陈老夫子可能比毕氏要早一些。这定理是说："直角三角形（或称勾股形）的两条直角边（即勾与股）的平方和，等于斜边（即弦）的平方。"因为△AKC是直角三角形，而AK和KC已经算得是八万里和六万里，所以只要把这两个数各自乘，相并后开平方，得十万里，就是AC的距离。

还有陈老夫子求太阳直径的道理，也很简单。方法是这样：当上述南杆影长六尺的时候，用八尺长的一根竹筒，筒口的直径是一寸，对正了太阳，用眼从筒口望过去，看见太阳刚好嵌满竹筒另一端的圆孔，于是拿圆筒直径的寸数一乘距离十万里，再化筒长成寸数八十来除它，得一千二百五十里，就是太阳的直径。

如图三，AB是太阳的直径，CD是竹筒的直径，G是人眼，GE是太阳和人的距离，GF是竹筒的长，译前法成公式：

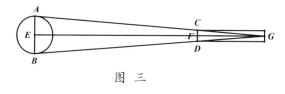

图　三

$$AB = \frac{GE \times CD}{GF}$$

证：因$CD /\!/ AB$，又GE、GF各做$\triangle ABG \backsim \triangle CDG$的高，

∴　　　　　　　$\triangle ABG \backsim \triangle CDG$

　　　　　　$AB : CD = GE : GF$

∴　　　　　$AB = \frac{GE \times CD}{GF}$

　　因为地面不是平面，所以用上法算得的结果跟实际相差很大。但是从数理方面说起来，在陈老夫子那样早的时代，已经知道应用相似三角形的比例和勾股弦定理，确实是值得我们骄傲的。

　　三国时魏国的刘徽著《海岛算经》一书，其中有九个"重差术"的问题，都是应用于测量方面的。《海岛算经》的第一题就是陈老夫子测太阳的方法，但刘徽把它改作了测量海岛的高、远。因为海岛的顶不像太阳那样，能使杆生出影子，所以刘徽假定把人身伏在地上，用眼从地望岛顶，见岛顶和杆顶合在一起时，量出人眼到杆足间的距离，就相当于测太阳时的影长。这样一来，因为把短距离内的地面

看作平面，误差不大，所以这算法就有了实用价值了。古
书中传说夏禹测量山高，所用的方法大概是和刘徽的
一样的。

三

陈老夫子测太阳，可以说是西洋三角术的先导。诸位在初等三角术里面，一定学过测量山高的方法。譬如，知道在某地测得山顶的仰角若干度，退后若干步再测，又得仰角若干度，就可以在三角函数表里查出这两个角度的余切的数值，用它们的差来除退后的步数，所得的商就是山高。这实际和陈老夫子的方法是类似的。诸位不信，请看下文：

如图一，假使KE是地平线，AK是山高，在C处测得山顶的仰角是∠ACK，退后到E再测，所得的仰角是∠AEK。根据三角术上的定义，直角三角形的锐角的一边（非斜边）与对边的比，叫作这个角的余切，拿符号cot来表示。现在△AEK、△ACK都是直角三角形，故得

$$\cot \angle AEK = \frac{EK}{AK}, \quad \cot \angle ACK = \frac{CK}{AK}$$

两式相减得　　　$\cot \angle AEK - \cot \angle ACK = \dfrac{EK - CK}{AK} = \dfrac{CE}{AK}$

∴　　　　　　　$AK = \dfrac{CE}{\cot \angle AEK - \cot \angle ACK}$

这就是三角术里那个问题的公式, 我们不妨把它化一化, 得

$$AK = \frac{CE}{\cot \angle EHF - \cot \angle CGD} = \frac{CE}{\dfrac{FH}{EF} - \dfrac{DG}{CD}} = \frac{DF}{\dfrac{FH}{CD} - \dfrac{DG}{CD}}$$

$$= \frac{DF}{\dfrac{FH - DG}{CD}} = \frac{DF \times CD}{FH - DG}$$

不就是陈老夫子测太阳的公式吗?

　　这样看来, 刘徽所称的重差术, 也可以说是中国的测量术。这测量海岛只不过是其中的一种, 至于要测量谷深河广以及城垣楼阁, 在《海岛算经》里都有专法, 并且都可以应用于实际。诸位欲知详细, 请参阅《算经十书》或《九章算术细草图说》等书。

四

末了, 我们利用陈老夫子立杆测日的重差术, 既然可以移作测量海岛和高山之用, 那么还可以把它推广些, 另立新的方法, 来应用于实际。现在先讲两杆与岛顶不在同一铅直面内的测法。

如图四, AB是海岛, CD是第一杆, 人眼着地, 在G望见杆顶与岛顶相合。于是从G横走到H, 使GH与GB两方向垂直, 人眼再着地在H, 用与CD等长的第二杆EF立在F处, 见岛顶与杆顶也相合。这时的$\triangle ABG$与$\triangle ABH$是两个铅直面, $\triangle BGH$是一个水平面。

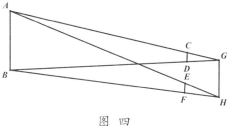

图 四

因 $\qquad \triangle ABH \backsim \triangle EFH$

$\therefore \qquad BH:AB=FH:EF=FH:CD$

$\therefore \qquad BH = \dfrac{AB \times FH}{CD}$ ·····················（1）

仿此得 $\qquad BG = \dfrac{AB \times DG}{CD}$ ·····················（2）

但是 $\qquad \overline{BH}^2 - \overline{BG}^2 = \overline{GH}^2$ ·····················（3）

以（1）（2）代（3）得 $\qquad \dfrac{\overline{AB}^2 \times \overline{FH}^2}{\overline{CD}^2} - \dfrac{\overline{AB}^2 \times \overline{DG}^2}{\overline{CD}^2} = \overline{GH}^2$

即 $\qquad \overline{AB}^2 \times \dfrac{\overline{FH}^2 - \overline{DG}^2}{\overline{CD}^2} = \overline{GH}^2$

$\therefore \qquad \overline{AB}^2 = \dfrac{\overline{GH}^2 \times \overline{CD}^2}{\overline{FH}^2 - \overline{DG}^2}$

$\therefore \qquad AB = \dfrac{GH \times CD}{\sqrt{\overline{FH}^2 - \overline{DG}^2}}$ ·················公式一。

此式代入（2）得 $BG = \dfrac{GH \times DG}{\sqrt{\overline{FH}^2 - \overline{DG}^2}}$ ·················公式二。

如果用一根杆来测，方法如下：

如图五，AB是海岛，CD是杆，人眼着地在G，见杆顶与岛顶相合；人眼着地在F，见岛顶合于杆上E点。

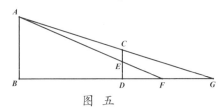

图 五

因　　　　　　　　$\triangle ABF \backsim \triangle EDF$

∴　　　　　　　　$BF:AB=DF:ED$

∴　　　　　　　$BF = \dfrac{AB \times DF}{ED}$ ····················（1）

又因　　　　　　　$\triangle ABG \backsim \triangle CDG$

∴　　　　　　　　$BG:AB=DG:CD$

　　　　　　　　$BG \times CD=AB \times DG$

即　　　　　　$(BF+FG) \times CD=AB \times DG$

∴　　$BF \times CD+FG \times CD=AB \times DG$ ···············（2）

以（1）代（2）得　　　$\dfrac{AB \times DF}{ED} \times CD + FG \times CD = AB \times DG$

以ED乘各项得　　　$AB \times DF \times CD+FG \times CD \times ED$

　　　　　　　　　　　　　　$=AB \times DG \times ED$

移项分解得　　　　$(DG \times ED-DF \times CD) \times AB$

　　　　　　　　　　　　　$=FG \times CD \times ED$

即　$(DF \times ED+FG \times ED-DF \times ED-DF \times CE) \times AB$

　　　　　　　　　　　　　$=FG \times CD \times ED$

　$(FG \times ED-DF \times CE) \times AB=FG \times CD \times ED$

∴　　　　　　$AB = \dfrac{FG \times CD \times ED}{FG \times ED - DF \times CE}$ ···公式一。

此式代入（1）得　　　$BF = \dfrac{FG \times CD \times DF}{FG \times ED - DF \times CE}$ ···公式二。

砖地上的发明

在外国数学史中谈到代数二次方程式解法的历史，说它是在九世纪时由阿拉伯数学家阿尔卡利司密首先发明的。那时候人们还不会用文字代表数，阿氏解二次方程式是利用图形的。

阿氏第一次解的方程式，用现今的记号表示出来，就是

$$x^2+10x-39=0$$

他先用移项的方法，化上式为

$$x^2+10x=39$$

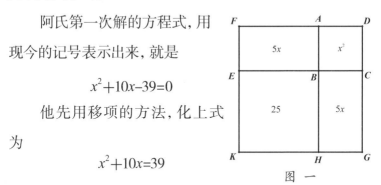

图　一

于是假定有一个正方形 $ABCD$，每边的长是 x；两个矩形 $ABEF$ 与 $BCGH$，长都是5，阔都是 x，如图一列成"磬折形"。很明显，这一个磬折形的面积是 x^2+10x，实际就是39。再延长 FE 与 GH，相交于 K，成一正方形 $BEKH$，它的面

积是5^2=25。于是以25加于39，得64，是大正方形$DFKG$的面积，开平方得8，是FD的长。从8减去FA的长5，得AD的长是3，这就是x的值。

依照上举解法的各个步骤，用方程式表示出来，就是

$$x^2+10x+（10÷2）^2=39+（10÷2）^2$$

$$x^2+10x+25=64$$

$$x+5=8$$

$$x=8-5$$

$$x=3$$

可见这一个解法跟现今代数中解二次方程式的"配方法"类似；但求得的只有一个正根，另一个负根没有求出来。

再从中国的数学史上考据起来，知道我们的祖先在比阿氏更早的时候已经能解二次方程式。据说古人观察砖地上有列成如图二的形式，因而发明了二次方程式的解法。这种解法也是利用图形，如果把它列成算式，跟现

图　二

今代数中二次方程式的根的公式相同，但也略去了负根。把这一解法跟阿氏的比较起来，虽然完全不同，但自有妙处，值得我们把它介绍一下。

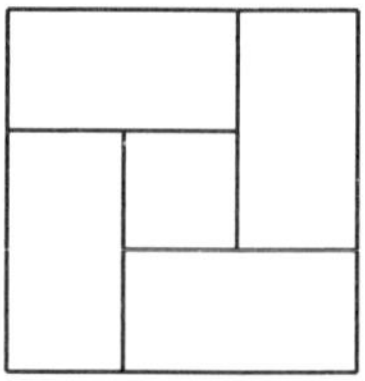

中国人从砖地上发现的二次方程式解法，叫作"四因积步法"。此法起源于汉赵君卿（大约是公元一、二世纪）在《周髀算经》所附注解里的"弦图"。

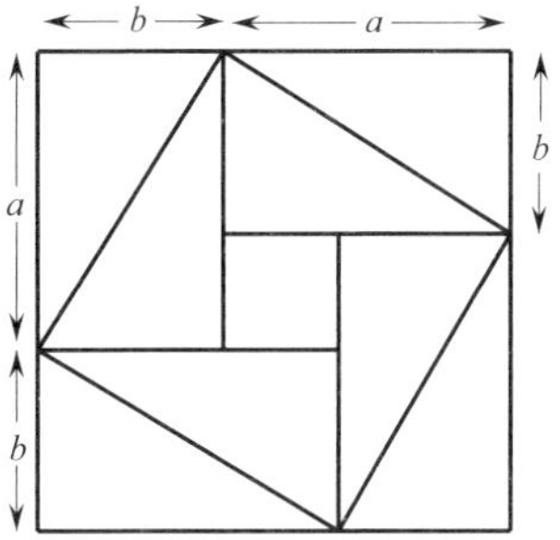

宋代杨辉曾经应用如图三所示的弦图，在"田亩比类乘除捷法"中说：

　　"和自乘，有四段直田积，一段差方积，所以用四积减和方，余得差方一段，却取方面。"

图　三

这一段话的意思，简单些说，就是："长方形的长阔和做边的正方形，可以分做四个同样的长方形，以及一个以长阔差做边的正方形。所以从长阔和做边的正方形内减去长方形面积的四倍，所余的是拿长阔差做边的正方形，可用开平方法求这正方形每面的边长，即得长方形的长阔差。"

如果用a代表长方形的长，b代表长方形的阔，把上面的语言译成如下的公式，就非常明了：

$$\because \qquad (a+b)^2=4ab+(a-b)^2$$

$$\therefore \qquad a-b=\sqrt{(a+b)^2-4ab}$$

元朱世杰《算学启蒙》书中"开方释锁门"的第八题，是知道长方形的面积与长阔和，而求长与阔的问题，原书中用"天元术"解的，但在按语中说："以古法演之，和自乘，乃是四段直积、一段较幂也。列积四之，减之，余有较幂为实，以一为廉，平方开之得较，加和半之得长，长内减较即平（就是阔）也。"这几句话的内容几乎跟前面的完全一样，只在末后多了一段由长阔和与长阔差而求长与阔的"和差类问题解法"。可见朱世杰所称的古法，显然就是杨辉书中所讲的方法。

下面举两个例题，写出详细的解答，让读者明了上举法则的实际应用。

例一："有长方田，面积为二千零五十二方步，长阔和九十二步，求长与阔。"

假定有四块同样的长方田，如图四列为像砖地上铺成的形式。中间空的一块是一个小正方形，每边的长恰巧是长方田的长阔差。又四块长方田与中间的小正方形合成一个

大正方形,它的边长恰巧又是长方田的长阔和。所以得解法如下:

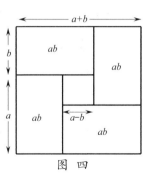

图　四

（一）（92步）²=8464方步……长阔和为边的正方积。

（二）2052方步×4=8208方步…四块长方田的共积。

（三）8464方步-8208方步=256方步…长阔差为边的正方积。

（四）$\sqrt{256方步}$=16步…………………………长阔差。

（五）（92步+16步）÷2=54步…………………………长。

（六）（92步-16步）÷2=38步…………………………阔。

例二　"有长方田,面积为二千零五十二方步,长阔差为十六步,求长与阔。"

仿上例得解法如下:

（一）（16步）²=256方步…………长阔差为边的正方积。

（二）2052方步×4=8208方步　……四块长方田的共积。

（三）256方步+8208方步=8464方步…长阔和为边的正方积。

（四）$\sqrt{8464方步}$=92步…………………………长阔和。

（五）（92步+16步）÷2=54步　…………………………长。

（六）（92步-16步）÷2=38步…………………………阔。

上面的内容好像和我们要讲的二次方程式解法丝毫没有关系，这不是牛头不对马嘴了吗？读者切莫性急，要知道除了负根的二次方程式外，其余凡是有正根的，都可利用上述的两例来解。不信请看下文。

一切的二次方程式，都可化作下列的形式：

$$x^2+Px+Q=0$$

（其中P与Q是整数或分数。）

假使P、Q都代正数的话，那么就各项的符号变化，可得下面的四种形式：

$$x^2+Px+Q=0\cdots\cdots\cdots\cdots\cdots（1）$$

$$x^2-Px+Q=0\cdots\cdots\cdots\cdots\cdots（2）$$

$$x^2+Px-Q=0\cdots\cdots\cdots\cdots\cdots（3）$$

$$x^2-Px-Q=0\cdots\cdots\cdots\cdots\cdots（4）$$

除掉第一式的两根都是负数之外，其余三式都有正根。现把这三式化一化，得

$$x(P-x)=Q\cdots\cdots\cdots\cdots\cdots（a）$$

$$x(x+P)=Q\cdots\cdots\cdots\cdots\cdots（b）$$

$$x(x-P)=Q\cdots\cdots\cdots\cdots\cdots（c）$$

另外，若用x代前举例一中的阔或长的步数，依题意列成方程式，则得

$$x(92-x)=2052\cdots\cdots\cdots\cdots\cdots（a'）$$

用x代例二中的阔的步数，就得方程式

$$x(x+16)=2052\cdots\cdots\cdots\cdots\cdots(b')$$

用x代例二中的长的步数，就得方程式

$$x(x-16)=2052\cdots\cdots\cdots\cdots\cdots(c')$$

跟前面的$(a)(b)(c)$三式一对照，完全类似。所以知道：

（一）二次方程式能化作(a)的形式时，把Q当作长方形的面积，P当作长阔和，仿例一的解法求得长与阔，就是x的两个正值。

（二）二次方程式能化作(b)的形式时，把Q当作长方形的面积，P当作长阔差，仿例二的解法求得阔，就是x的一个正值。

（三）二次方程式能化作(c)的形式时，把Q当作长方形的面积，P当作长阔差，仿例二的解法求得长，就是x的一个正值。

假使用公式表示，得(a)的两个正根是

$$x_1=\frac{P+\sqrt{P^2-4Q}}{2}, \quad x_2=\frac{P-\sqrt{P^2-4Q}}{2}。$$

(b)的一个正根是$x=\dfrac{\sqrt{P^2+4Q}-P}{2}$。

(c)的一个正根是$x=\dfrac{\sqrt{P^2+4Q}+P}{2}$。

跟现在代数中二次方程式根的公式完全类似。

三

讲过了在砖地上发明的二次方程式解法，不妨再讲一种跟开平方相似的方法——带纵开平方。开头先说一说它的渊源。

汉赵君卿在《周髀算经》中的"方圆图注"，曾谈及知直角三角形的弦与勾股差而求勾，可用带纵开平方法。刘徽《九章算术》勾股章第二十题，也用带纵开平方解，不过两书都没有说明开法，这是很可惜的。

宋代刘益作《议古根源》，撰成《直田演段》百问，书中所列带纵开平方法，已经跟七百余年后西人和涅的方法类似了。后来宋、元诸算家所引用的"正负开方术"，可以说都是从刘益的方法变化出来的。宋代杨辉在"田亩比类乘除捷法"序言中说："中山刘先生作《议古根源》……用带纵开方正负损益之法，前古之所未闻也。"又在"算法通变本末"中说："带纵益隅开方，实冠前古。"可见带纵开方一术，虽不能断定是刘益所首创，可是他的功绩却也不小哩。

假定有一个问题："长方形的面积是851方步，长比阔多14步，求长与阔。"

用代数做，只需假定阔是x步，就得二次方程式

$$x(x+14)=851$$

我们中国的带纵开方，应从此式推测，知道x的值必在20与30之间，假定

$$x=20+y$$

那么　　　　$(20+y)(20+y+14)=851$

就是　　　　$(20+y)(34+y)=851$

乘算得　　　$680+54y+y^2=851$

化简得　　　$(54+y)y=171$

∴　　　　　$y=\dfrac{171}{54+y}$

从此式可知，以$(54+y)$除171，就得y的值。但$(54+y)$还不知究竟是多少，所以只好用54试除171，商3，余19，因除数减小，商要增大，所以取略小的整商3，假定是y的值。试验一下，适得$(54+3)\times3=171$。于是知道y的值确是3，所求的阔是23步，长是23步+14步=37步，现在用开方的式子表示如下：

```
                    23
         14 │ 851
        + 20 │
         34 │ 68
         34 │ 171
        + 20 │
         54 │
        +  3 │
         57 │ 171
```

　　题中的面积，称作"实"，长阔差称作"带纵"，叙带纵开平方的法则如下：写带纵在实的左面，由观察法得"初商"，写在实的上面，带纵加初商得"下法"，初商乘下法，从实内减去得"余实"，再下法加初商得"廉法"，用廉法试除余实，以定"次商"，廉法加次商得"全法"，次商乘全法，从余实减去，又得余实，照此继续开下去，所得的商是阔，加上带纵是长。现在列一模板，以便模仿。

```
                      〔初商〕    〔次商〕
        〔带纵〕              〔实〕
       +〔初商〕
        〔下法〕         〔下法〕×〔初商〕
                〔下法〕         〔余  实〕
               +〔初商〕
                〔廉法〕
               +〔次商〕
                〔全法〕         〔全法×次商〕
```

带纵开平方的理由，也可用图形来说明。如图五，长方形ABCD的长比阔多14步，设 $AE=AD$ ，那么EB的长就是14步，且$AEFD$是正方形。从推测知$ABCD$的阔必在20步与30步之间，于是取EG, BH都等于20步，这就是初商，分原图形成正方形以及长方形共六块。正方形与长方形的阔都是20步，共长20步+14步=34步，故两形的面积共是34步×20=6820步方步。从全面积851方步内减去，还余171方步，是一纵廉、二廉与一隅的共积。因这四块的阔都等于AG，这就是次商，故用四块的共长除面积就得阔AG。但一纵廉、二廉的共长虽知道是14步+20步+20步=54步，而隅的长也等于AG, 现在还没有知道，所以用54步试除171方步，知AG大约是3步，试验一下，四块的共长是54步+3步=57步，阔是3步，总面积57步×3=171步，一点不差，因而知道

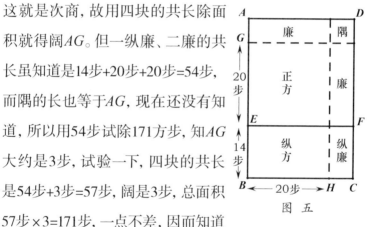

图 五

AE是20步+3步=23步，也就是长方形的阔AD是23步。

假使得次商之后还有余实，那么应该再定三商，继续开下去。不妨再举一例于后：

"长方形面积98174方步，长比阔多125步，求长与阔。"

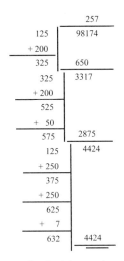

```
                            257
            125         98174
          + 200
            325           650
            325          3317
          + 200
            525
          +  50
            575          2875
            125          4424
          + 250
            375
          + 250
            625
          +   7
            632          4424
```

∴ 阔是257步, 长是257步+125步=382步。

假定再有一个问题: "长方形面积是851方步, 长阔的和是60步, 求长与阔。"

明程大位"算法统宗"称此题的解法为"减纵开平方", 其实跟带纵开平方大同小异, 不过应加的地方, 完全改作减罢了。

设阔为x步, 得二次方程式

$$x(60-x)=851$$

就此式推测, 可知x必在20与30之间, 于是定

$$x=20+y$$

那么　　　　$(20+y)(60-20-y)=851$

就是　　　　$(20+y)(40-y)=851$

乘算得　　　$800+20y-y^2=851$

化简得 $(20-y)y=51$

∴ $y = \dfrac{51}{20-y}$

从此式可推测y的值，因20除51，商2还有余，根据除数增大商就减小的定理，可知自20减去y后再除51，至少可商3。现在就用3代y，试验一下，得$(20-3)\times3=51$，恰巧适合，所以知y的值一定是3，长方形的阔是23步，长是60步–23步=37步。列开方式如下：

$$
\begin{array}{r|r}
 & 23 \\
\hline
60 & 851 \\
-\ 20 & \\
\hline
40 & 800 \\
\hline
40 & 51 \\
-\ 20 & \\
\hline
20 & \\
-\ 3 & \\
\hline
17 & 51 \\
\end{array}
$$

题中的面积仍称实，长阔和称作"减纵"，因为开法跟以前的类似，所以不再详述，仅列一模板，以便仿效。

$$
\begin{array}{r|l}
 & \text{〔初商〕} \quad \text{〔次商〕} \\
\hline
\text{〔减纵〕} & \text{〔实〕} \\
-\ \text{〔初商〕} & \\
\hline
\text{〔下法〕} & \text{〔下法×初商〕} \\
\hline
\text{〔下法〕} & \text{〔余 \quad 实〕} \\
-\ \text{〔初商〕} & \\
\hline
\text{〔廉法〕} & \\
-\ \text{〔次商〕} & \\
\hline
\text{〔全法〕} & \text{〔全法×次商〕} \\
\end{array}
$$

再用图形说明它的原理：如图六，长方形$ABCD$的长阔和是60步，设 $CE=BC$ ，那么DE的长就是60步。从推测知$ABCD$的阔多于20步，少于30步。于是就取EH、DF、AK都等于20步。

因　　　　　　　$CE=AD, HE=FD$

　　$\therefore$　　　　　　$CH=AF$

又　　　　　　　$GH=AK=20$步

　　$\therefore$　　　　　　$\square CG=\square FK$

但　　　　　　　$DH=60$步-20步$=40$步

　　　　　　　　　　$FD=20$步

　　$\therefore$　　　　$\square FC+\square CG=40$步$\times20$步

　　　　　　　　　　　$=800$方步

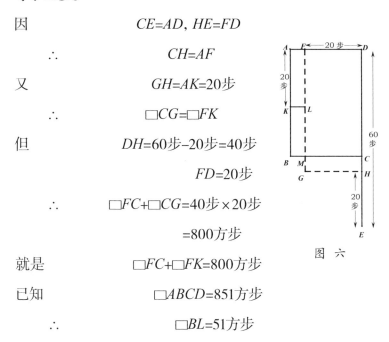

图　六

就是　　　　　$\square FC+\square FK=800$方步

已知　　　　　　$\square ABCD=851$方步

　　$\therefore$　　　　　　$\square BL=51$方步

　　要知道BM的长，必须用LM的长除$\square BL$的面积51方步。但LM的长还没有知道，只知道$LG=40$步-20步$=20$步，所以用20步试除51方步，知BM大约是3步。试验一下，因$MG=BM$，假定BM就是3步，那么$LM=20$步-3步$=17$步，$\square BL=17$步$\times3$步$=51$方步，恰好合适。所以知道BM的确是3步。于是

$$AD=FD+AF=FD+BM$$

=20步+3步=23步。

最后，来举一个有三商的问题，以作参考。

"长方形面积98174方步，长阔共639步，求长与阔。"

```
                         257
        639         98174
       -200
        439          878
        439         1037
       -200
        239
       - 50
        189          945
        639          924
       -250
        389
       -250
        139
       -  7
        132          924
```

∴ 　阔是257步，长是639步－257步=382步。

四

　　关于中国的二次方程式解法，已有由砖地上发现的"四因积步法"和类似开方的"带纵开平方"两种，然而这还不是进步的方法。要知道中国在宋、元之间，是数学最发达的时期，有秦九韶、李冶、朱世杰、郭守敬诸家，阐明"天元术"，任何高次的方程式，都可用同样的方法处理。秦九韶所称的"正负开方术"就是。这里不再详述，读者可参阅《中算家的代数学研究》一书。

拼方板

　　我们在学校里学习数学，一般都是代数和几何同时学习的。然而从历史上考据来看，无论中国还是西洋，几何的产生和发展，都比代数要早得多，而且有不少的代数方法，是靠着图形研究出来的。前述砖地上发明的二次方程式解法，便是一个例子。本篇另举几个中国古算书中的"正方演段"问题，读者看了它们利用图形的古解法后，如果用代数解法来互相对照一下，就会发现其中的巧妙关系，一定会感觉到有趣。

　　所谓"演段"，又称"条段算法"，是中国古数学中用得很多的一种算法。它把题中的图形分割成数段，或推演成同样的数个，移补凑合，借此找出它的解答，像前述的四因积步法，便是这一类。古书中叙述的方法，文句多

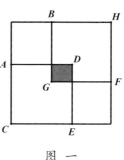

图　一

艰涩难懂，现在用浅显的字句译述下来，以使读者易于明了。

开头先举一个已知两正方板的总面积，以及边长的差，而求各边的问题：

"两正方板面积的和是250方寸，大方板的边比小方板的边长4寸，求两正方板的边长。"

解法一：如图一，□AB是小正方板，□CD是大正方板，设□EF=□AB，□GH=□CD，照图拼合，中间有一小正方形GD重叠，它的边恰是两正方边的差，若把大小正方板各两块拼合后，减去中间重迭的一小正方形，得一大正方形CH，它的边恰巧是两正方边的和。于是得解法如下：

（一）250方寸×2=500方寸………大小方板各两块的共积。

（二）4寸×4寸=16方寸 ………………重叠的小方积。

（三）500方寸–16方寸=484方寸…两方边和为边的正方积。

（四）$\sqrt{484方寸}$=22………………………两方边和。

（五）（22寸+4寸）÷2=13寸……………………大方边。

（六）13寸–4寸=9寸…………………………小方边。

此法是把汉赵君卿在《周髀算经》的"方圆图注"中所说的话变通而得的，看解法二自然可以明白。

此题用代数做，是一个二次与一次的联立方程式。解法的种类很多，现在仅举一种，以便读者对照。至于下述的各种解法，为节省篇幅起见，读者可自行演算成相应的代数解法。

设大方边为x寸，小方边为y寸，得方程

$$x-y=4 \cdots\cdots\cdots\cdots\cdots\cdots\cdots（1）$$

$$x^2+y^2=250 \cdots\cdots\cdots\cdots\cdots（2）$$

（一）倍第二式得　　$2x^2+2y^2=500$。

（二）第一式自乘得　$x^2-2xy+y^2=16$。

（三）相减得　　　　$x^2+2xy+y^2=484$。

（四）开平方得　　　　　$x+y=22$。

（五）与第一式相加折半得　$x=13$。

（六）代入第一式移项得　　$y=9$。

解法二：如图二，$\square AB$为小方板，$\square AC$为大方板，四个长方形ED、FG、HK、LM的长都等于大方边，阔都等于小方边，照图拼合，其中四个勾股形与$\square HM$合成的$DEFG$，一定也是正方

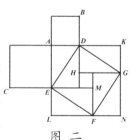

图　二

形，并且根据勾股弦定理，知道它的面积等于$\square AB$、$\square AC$的和，实际就是250方寸。又$\square LK$的边等于两方边的和，$\square HM$的边等于两方边的差。故得解法如下：

（一）250方寸×2=500方寸$\cdots\cdots\cdots\cdots$八个勾股形与两个$\square HM$的共积。

（二）4寸×4寸=16方寸……………………□HM的面积。

（三）500方寸–16方寸=484方寸………□LK的面积。

以下同前。

此法出自《周髀算经》中汉赵君卿的"方圆图注"。

解法三：如前图，又得解法如下：

（一）4寸×4寸=16方寸……………………□HM的面积。

（二）250方寸–16方寸=234方寸…………四个勾股形的共积。

（三）234方寸÷2=117方寸……………………长方形的面积。

（四）因长方形的长阔差就是两方边差4寸，所以用带纵开平方法求得阔是9寸，就是小方边。长是9寸＋4寸=13寸，就是大方边。

$$
\begin{array}{r|r}
& 9 \\
\hline
4 & 117 \\
+9 & \\
\hline
13 & 117
\end{array}
$$

此法出处同前。又刘徽《九章算术》勾股章的批注里也讲到这个方法。

解法四：如图三，□AB为小方板，□CD为大方板，若□EG=□AB，则FH一定是正方形，它的边长等于两方边差。又长方形BE与CH相等，长等于大方边，阔等于小方边，所以得解法如下：

（一）4寸×4寸=16方寸……□FH

的面积。

（二）250方寸-16方寸=234方

寸……□BE、□CH的共积。

（三）234方寸÷2=117方寸………

□BE的面积。

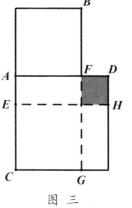

图　三

此法出自宋代杨辉《详解九章算

法》的勾股章。

解法五：如图四，同前，使MK，GN都等于两方边差的一

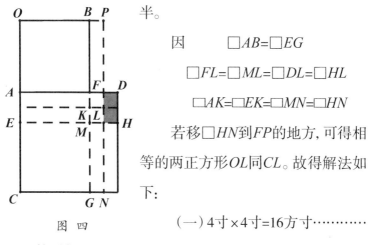

图　四

半。

因　　□AB=□EG

□FL=□ML=□DL=□HL

□AK=□EK=□MN=□HN

若移□HN到FP的地方，可得相

等的两正方形OL同CL。故得解法如

下：

（一）4寸×4寸=16方寸…………

□MD的面积。

（二）16方寸÷2=8方寸……………□DL、□HL的共

积。

（三）250方寸–8方寸=242方寸…………□OL、□CL的共积。

（四）242方寸÷2=121方寸……………□CL的面积。

（五）$\sqrt{121方寸}$=11寸……………CN的长。

（六）4寸÷2=2寸…………………GN的长。

（七）11寸–2寸=9寸………………小方边。

（八）9寸+4寸=13寸………………大方边。

此法出处同前。

解法六：如图五，仿解法二以EA作小正方边，ED作大正方边，四个长方形EN、FK、GL、HM长阔都各等于两方边，那么ABCD就等于大小两方板的共

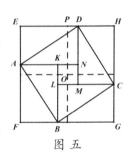

图 五

积。假定O是□FH的中心，一定也是□LN的中心，于是得解法如下：

（一）4寸×4寸=16方寸………………□LN的面积。

（二）16方寸÷2=8方寸…………□MO、□NO的共积。

（三）因ABCD是四个勾股形与四个□KO的共积，故250方寸–8方寸=242方寸……………四个勾股形与两个□KO的共积。

（四）242方寸÷2=121方寸………两个勾股形与□KO的共积。

（五）因□FH是八个勾股形与四个□KO的共积，所以它的四分之一□EO是两个勾股形与一个□KO的共积，就是□EO等于121方寸。

（六）$\sqrt{121方寸}$=11寸……………………EP的长。

（七）11寸×2=22寸……………EH的长，即两方边和。

以下与解法一同。

此法出自刘徽的《九章算术》。

接着，讲已知两正方板面积的和与边长的和，而求各边的问题：

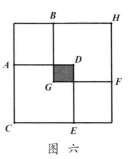

图　六

"两正方板面积的和是250方寸，边长的和是22寸。求两正方板的边长。"

解法一：□AB、□EF是小方板，□CD、□GH是大方板，如图六拼合成□CH，它的边长等于两方边和；中间重迭的□GD，它的边长等于两方边差。于是得解法如下：

（一）250方寸×2=500方寸…大小方板各两块的共积。

（二）22寸×22寸=484方寸……………□CH的面积。

（三）500方寸–484方寸=16方寸………□GD的面积。

（四）$\sqrt{16方寸}$ =4寸……………………两方边差。

（五）（22寸+4寸）÷2=13寸……………大方边。

（六）22寸–13寸=9寸 ……………………小方边。

此法也是变通"方圆图注"而得，看解法二自然明白。

解法二：如图七，四个长方形EL、FM、GN、HK的长都等于大方边，阔都等于小方边，那么□FH的边等于两方边和，□LN的边等于两方边差，□AC的面积等于两方板的共积，并且是四个勾股形与一个□LN的共积，故得解法如下：

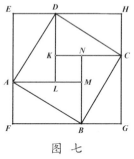

图 七

（一）250方寸×2=500方寸………八个勾股形、两个□LN的共积。

（二）22寸×22寸=484方寸………八个勾股形、一个□LN的共积。

（三）500方寸–484方寸=16方寸…………□LN的面积。

以下同前。

此法出自《周髀算经》中赵君卿的《方圆图注》，刘徽的《九章算术》中也有此法。

解法三：如图八，□AB为小方板，□CD为大方板，因长方形AC、BD的长都等于大方边，阔都等于小方边，故得

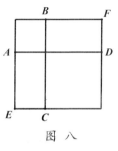

图 八

解法如下：

（一）22寸×22寸=484方寸…………………□EF的面积。

（二）484方寸–250方寸=234方寸………□AC、□BD的共积。

（三）234方寸÷2=117方寸…………………□AC的面积。

（四）长方形AC的长阔和是22寸，所以用减纵开平方法求得阔9寸，就是小方边；长22寸–9寸=13寸，就是大方边。

$$
\begin{array}{r|l}
 & 9 \\
\hline
22 & 117 \\
-\ 9 & \\
\hline
13 & 117 \\
\end{array}
$$

此法见清代康熙的《御制数理精蕴》。

三

　　再举两个已知两正方板面积的差, 以及边长的和或
差, 而求各边的问题:

　　"两正方板的面积相差88方寸, 边相差4寸, 求两方
边。"

　　解: 如图九, □AB为小正方
板, □CB为大正方板, 于是磬折
形FCGEAD就等于两方板的积
差。把它分成两长方形CE与AF,
且移AF到HK的地方, 得长方形

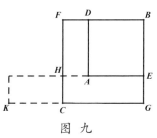

图　九

KE, 面积也等于两方板的积差88方寸。因GE等于两方边差
4寸, KG等于两方边和, 故得解法如下:

　　(一)88方寸÷4寸=22寸…………KG的长即两方边和。

　　(二)(22寸+4寸)÷2=13寸……………大方边。

　　(三)13寸−4寸=9寸……………………小方边。

"两正方板的面积相差88方寸, 边的和是22寸, 求两方边。"

解: 仿上题得解法如下:

(一) 88方寸÷22寸=4寸…………CE的长即两方边差。

(二) (22寸+4寸)÷2=13寸………………大方边。

(三) 13寸−4寸=9寸…………………………小方边。

以上两题的解法见"御制数理精蕴"。

四

最后，还有三个三正方板相拼的问题：

"三正方板的面积共计395方寸，边长顺次相差4寸，问：三方板的边长各几何？"

解法一：如图十，□AB为小方板，□CD为中方板，□EF为大方板，若分□CD、EF各成四份，使□EK=□GH=□AB，那么□BL

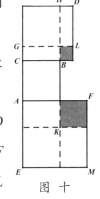

图十

的边是中小方边差4寸，□KF的边是大小方边差8寸，□HL+□GB=□AK=□MK，故得解法如下：

（一）4寸×4寸=16方寸……………□BL的面积。

（二）8寸×8寸=64方寸……………□KF的面积。

（三）395方寸−16方寸−64方寸=315方寸……………3□AB与3□AK的共积。

（四）315方寸÷3=105方寸……………□CK的面积。

（五）因长方形*CK*的长阔差就是大小方边差8寸，故用带纵开平方法开得阔7寸，就是小方边；于是知中方边是7寸＋4寸=11寸；大方边是11寸＋4寸=15寸。

$$
\begin{array}{r|l}
 & 7 \\
\hline
8 & 105 \\
+\ 7 & \\
\hline
15 & 105 \\
\end{array}
$$

此法见明程大位《算法统宗》的"少广"章。

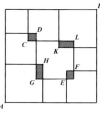

图 十一

解法二：假定大中小正方板各有三块，如图十一所示，拼合而成以三方边和为边的□*AB*，其中有四处互相重叠的地方。□*CD*、□*EF*每边4寸；□*GH*、□*KL*长8寸，阔4寸。于是可得解法如下：

（一）395方寸×3=1185方寸………大中小方板各三块的共积。

（二）4寸×4寸×2=32方寸……………□*CD*、□*EF*的共积。

（三）8寸×4寸×2=64方寸…………□*GH*、□*KL*的共积。

（四）1185方寸–32方寸–64方寸=1089方寸…□*AB*的面

积。

（五）$\sqrt{1089方寸}$ =33寸·············□AB的边长即三方边
和。

（六）33寸÷3=11寸·····························中方边。

（七）11寸–4寸=7寸·····························小方边。

（八）11寸+4寸=15寸····························大方边。

此法是本书作者所补。

"三正方板的面积共
计395方寸，三方边的和是33
寸，边长的差顺次相等，问：
三方边各长几何？"

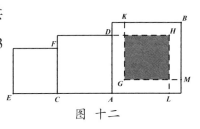

图 十二

解：如图十二，□AB为
大方板，□CD为中方板，□EF为小方板，若□AH、□GB都
等于□CD，则因大中两方边差等于中小两方边差，所以重
叠的□GH等于□EF，于是得解法如下：

（一）33寸÷3=11寸·····························中方边。

（二）11寸×11寸=121方寸····················中方板的面积。

（三）121方寸×3=363方寸·········□CD、□AH、□GB的
共积。

（四）395方寸–363方寸=32方寸···········□DK、□LM的
共积。

（五）32方寸÷2=16方寸……………………□DK的面积。

（六）$\sqrt{16方寸}$=4寸……………………中边差。

（七）11寸−4寸=7寸……………………小方边。

（八）11寸+4寸=15寸……………………大方边。

此题出自元代李冶的《益古演段》。

"三正方板的面积共计481方寸，大方边比中方边长4寸，中方边比小方边长3寸，问：三方边各长几何？"

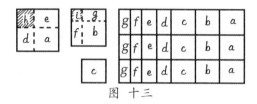

图 十三

解：如图十三，分大方板为a、d、e、h四块；中方板为b、f、g、i四块，使a、b都等于小方板c。于是□i的边长是3寸，□h的边长是4寸+3寸=7寸。又a、b、c、d、e、f、g七形各作同样三个，列成左图，得一大长方形，它的长阔差恰是d、e、f、g四形的共阔，故得解法如下：

（一）3寸×3寸=9方寸……………………i的面积。

（二）7寸×7寸=49方寸……………………h的面积。

（三）481方寸−9方寸−49方寸=423方寸……………………a、b、c、d、e、f、g的共积。

（四）423方寸×3=1269方寸……………………大长方形的面

积。

（五）7寸×2+3寸×2=20寸………大长方形的长阔差。

（六）用带纵开平方法求得大长方形的阔是27寸, 就是小方边的三倍,

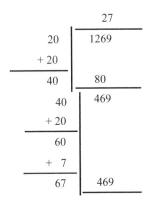

故　　　　27寸÷3=9寸…………………小方边。

9寸+3寸=12寸…………………中方边。

12寸+4寸=16寸…………………大方边。

此题见《御制数理精蕴》。

方箱问题

中国的"演段"算法，诸位读过了"拼方板"一文，当已窥见它的一斑。这种巧妙而别致的算法，很足以表现我国古算的特色。利用这算法，可以显示出图形与数字之间的关联，并且有些较难的问题，往往由于图形的帮助，能够毫无困难地获得解决，所以它是有相当价值的。

讲了平方演段的问题，不觉联想到清康熙的《御制数理精蕴》里一个立方演段的问题，不妨再来介绍一下。

一块厚一寸的正方铁板，每边长一丈零四寸，要把它熔融，铸成厚二寸的正立方箱。问：此箱每边的长是多少（如图一）？

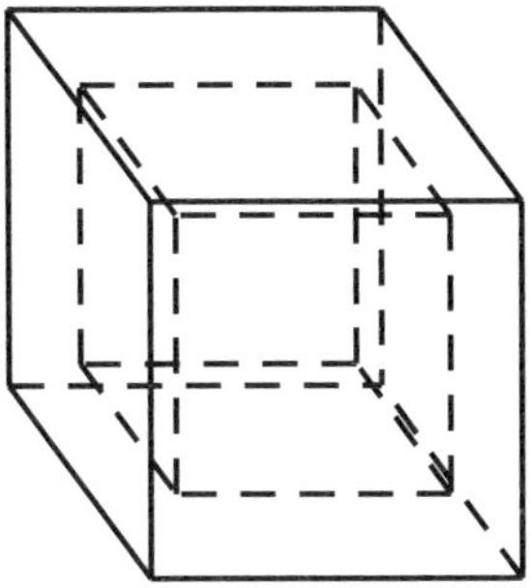

图　一

这个问题乍看似乎很玄妙，不过仔细一想，这铁箱的体积与原有铁板的体积没有两样，是一个已知数。而且正立方箱就是一个空心正立方体,所以这正立方箱的体积,可以当作实心的体积减去空的体积。说得更简单一点,就是等于外棱为边的正立方体积减去内棱为边的正立方体积。同时又因内外两棱的差是厚的两倍,也是一个已知数,所以可用代数一元方程式做,化简之后,是一个二次方程式,也可用一次与三次联立的二元方程式做,它的解法有好几种,读者不妨一试。

现在先把代数的解法丢开不讲,单讲讲别开生面的演段解法。

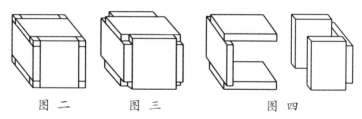

图 二   图 三   图 四

厚二寸的正立方箱,八个角上可以截去八个每边二寸的小正立方体(如图二)。余下的部分(如图三)又可劈做六块同样大的长方板(如图四)。每块长方板的长等于立方箱的外棱,阔等于立方箱的内棱,厚就是二寸。因内外棱的差是四寸,所以长方板的底面,都是长阔相差四寸的长方形。于是得解法如下:

(一)(104寸)^2×1寸=10816立方寸………正方铁板的体积。

（二）（2寸）^{3}=8立方寸…………………角上截去的小立方体积。

（三）8立方寸×8=64立方寸…………八个小立方的总体积。

（四）10816立方寸–64立方寸=10752立方寸……………六块长方板的共积。

（五）10752立方寸÷6=1792立方寸……每块长方板的体积。

（六）1792立方寸÷2寸=896方寸…………长方板的底面积。

（七）2寸×2=4寸………………长方板底面长阔差。

（八）以896方寸为积，4寸为带纵，用带纵开平方法求得阔28寸，就是内棱。于是得立方箱的每边是28寸+4寸=32寸。

$$
\begin{array}{r|r}
 & 28 \\
\hline
4 & 896 \\
+\ 20 & \\
\hline
24 & 48 \\
\hline
24 & 416 \\
+\ 20 & \\
\hline
44 & \\
+\ \ 8 & \\
\hline
52 & 416 \\
\end{array}
$$

二

这里还有一个更易明了的方法, 也可用来解方箱问题:

假定把正立方箱中间空的一块正立方体移到角上去, 它的体积仍旧不变, 这是显而易见的。所得的是三面互相正交

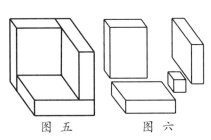

图　五　　　　图　六

而等厚的立体(如图五), 各面的厚都等于内外棱的差四寸。把它劈开来, 得一个每边四寸的小正立方体和三块同样大的长方板(如图六)。每块长方板的长等于立方箱的外棱, 阔等于立方箱的内棱, 厚都是四寸。于是得解法如下:

(一) 2寸×2=4寸……………………………内外棱差。

(二) (4寸)³=64立方寸………………………小正立方体的体积。

（三）10816立方寸−64立方寸=10752立方寸⋯⋯⋯⋯⋯三长方板的共积。

（四）10752立方寸÷3=3584立方寸⋯⋯⋯⋯每长方板的体积。

（五）3584立方寸÷4寸=896方寸⋯⋯⋯⋯长方板的底面积。

以下同前。

三

　　除上述的两种解法之外, 还有一种不用带纵开方的解法:

　　跟第二法一样, 把立方箱中间的空处移到角上去, 所得的立体(如图七)可以分做四寸厚的两块正方板和一块长方板。大

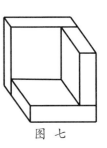

图　七

小两正方板的边长各等于立方箱的外棱与内棱, 而长方板的长等于外棱, 阔等于内棱。拆开平置(如图八), 从它的底

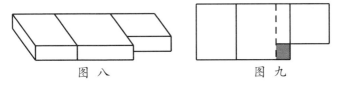

图　八　　　　　　　　图　九

面积(如图九)中减去内外棱差四寸为边的小正方积(图中有斜线的), 刚巧得三个同样大的长方形, 长阔都各等于外棱与内棱。取出一个, 拼入平置三板的底面积中, 恰巧得一大正方形(如图十), 它的每边等于内外棱的和。于是得解

法如下：

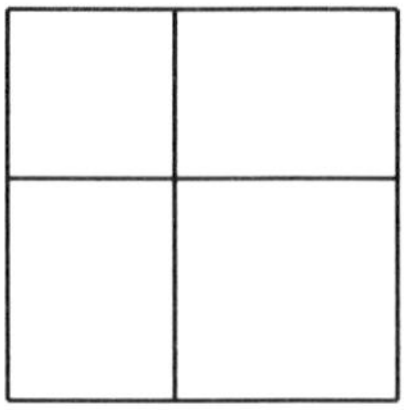

（一）2寸×2=4寸⋯⋯⋯⋯⋯⋯⋯⋯⋯

内外棱差。

（二）10816立方寸÷4寸=2704方

寸⋯⋯⋯⋯⋯大小两正方板与长方板底面的共积。

（三）(4寸)²=16方寸⋯⋯⋯⋯⋯⋯⋯内外棱差为边的小

正方积。

（四）2704方寸÷16方寸=2688方寸⋯长方板底面积的

三倍。

（五）2688方寸÷3=896方寸⋯⋯⋯⋯⋯⋯长方板的

底面积。

（六）2704方寸+896方寸=3600方寸⋯⋯⋯⋯⋯⋯内外

棱和为边的大正方积。

（七）$\sqrt{3600方寸}$=60寸⋯⋯⋯⋯⋯⋯⋯内外棱和。

（八）(60寸+4寸)÷2=32寸⋯外棱的长即正立方箱的

边长。

图 十

四

方箱问题已得三种不同的演段解法,本来可以就此搁笔,然而因为此题乃是知两正立方体的积差与边差而求各边的问题,于是联想到一个知两正立方体的共积与共边而求各边的问题,再在此附带一叙:

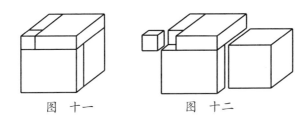

图 十一　　　图 十二

两个正立方的木箱,都贮满了米,共计贮米七石二斗八升。知两箱边长的和是四尺二寸,问:各长多少(假定两箱都没有厚)?

米一升占二十七立方寸的体积,所以这两箱容积的总数是已知数。假使用两箱边长的和四尺二寸为边作一正立

方体（如图十一），一定可以把它劈做
五块（如图十二），其中两块就等于题
中的两正立方箱，其余三块是同样大
的长方板，长等于两立方边的和，阔等

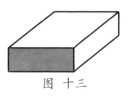

图 十三

于大立方边，厚等于小立方边（如图十三），所以长方板最
小的侧面的长方形（图中有竖线的），长阔和也等于两立方
边的和。于是得解法如下：

（一）$(42寸)^3$=74088立方寸……………两立方箱的共边
为边的正立方体积。

（二）27立方寸×728=19656立方寸…………两正立方箱
共积。

（三）74088立方寸–19656立方寸=54432立方寸………三
块长方板的共积。

（四）54432立方寸÷3=18144立方寸……每块长方板的体
积。

（五）18144立方寸÷42寸=432方寸……………长方板最
小的一个侧面的面积。

（六）以432方寸为积，42寸为减纵，用减纵开平方法开
得阔为18寸，就是小正立方箱的边长。42寸–18寸=24寸，就是
大正立方箱的边长。

$$
\begin{array}{r|l}
 & 18 \\
\hline
42 & 432 \\
-10 & \\
\hline
32 & 32 \\
\hline
32 & 112 \\
-10 & \\
\hline
22 & \\
-\ 8 & \\
\hline
14 & 112 \\
\hline
\end{array}
$$

圆城问题十解

　　凡是学过初中平面几何的同学，一定都知道一个关于圆的巧妙定理："直角三角形（即勾股形）内切圆的直径，等于从两条直角边（勾与股）的和内减去斜边（弦）。"可是，这个定理在中国数学史上的渊源和演进，恐怕同学们知道得还很少。因此，在这里特做一番介绍。

　　在刘徽所注的《九章算术》里，有一个"勾股容圆"问题：

　　　"今有勾八步，股十五步，问：勾中容圆径几何？"

　　　"答曰：六步。"

　　从历史资料来看，《九章算术》中的大部分材料是秦、汉以前竹简上的记录，经汉代人加以整理，并增加新的材料，才编成了这一部书。这本书里所称的"勾中容圆"，就是直角三角形的内切圆。上题的解法在原书里是先用勾股弦定理，算出弦十七步，以下虽然不是勾股相加再减去弦的计算，但是它的算法就是从上述几何定理变化出来的（见本文第二节公式一）。照这样看来，中国人最晚在汉代时候已经知道这一条定理了。

勾、股、弦的最简单整数值是三、四、五，在《周髀算经》中早就有记载，勾股形内容圆的直径，古称"黄方"。勾股形的各边成最简单整数时，由定理可算得黄方是3+4-5=2。这黄方二、勾三、股四、弦五，恰巧是四个连续整数，真是有趣得很！

从汉代一直到宋末，中国的算学家对于勾股容圆问题并无阐发。到了元初，李冶在洞渊处学到了"九容术"，著一部书名叫《测圆海镜》。书中除勾股内容圆一题外，更有勾股傍容圆，以及容半圆等八题，这是九容正法。另外有杂法一百余题，大部用天元术解，错综变化，极其巧妙。

李冶生平著作很多，临死时对他的儿子说："我的著作，死后你可以完全烧去，惟有这《测圆海镜》一书，是我一生的心血结晶，应该设法使它流传，将来一定会遇到知音。"从此可见这书的价值，非比寻常了。

清末，算学家吴诚看到《测圆海镜》中的容圆九题，每题都只有一二种解法，觉得还不能尽它的妙蕴，于是著《海镜一隅》，刊行于世。书中除末一题仅得三种解法外，其余各题都经推阐而得十种解法。这位吴先生真可算得上是李冶的一个知音了。

　　《测圆海镜》所设的问题，是假定有一座圆城，东南西北各开城门。那一个最简单的内容圆问题是这样的："圆城外有甲乙二人，立在南门的正东方、东门的正南方一点。甲向正西行280步后立定，乙向正北行450步后望见甲。问：圆城的直径是多少？"

　　我们把甲行的路280步做勾，乙行的路450步做股，先由勾股弦定理求得弦是530（即 $\sqrt{280^2+450^2}$ ）步。题中的圆城就是这勾股形的内切圆，所以从定理算得直径是200（即280+450−530）步。

　　这里单把勾股内容圆一题的十种解法介绍在下面，其余各题读者可自己研究，或参阅《中算家的几何学研究》一书。

　　如图一，设 O 是圆城的中心， D 是南门， E 是东门， C 是出发的地点，甲行的路 BC 是勾，用 a 表；乙行的路 AC 是股，用 b 表，甲行280步，乙行450步后的距离 AB 是弦，用 c 表。这圆城恰巧是勾股形的内容圆，它的半径 OD 及 OE ，用 r 表，直径用 d 表，得

公式一：　　　　　　　　$d=a+b-c$

证　因　　　　　　$AE=AF, BD=BF$

　　∴　　　　　　$CD+CE=BC+AC-AB$

又因 $ODCE$ 是正方形，

$$\therefore \qquad CD+CE=d$$

$$\therefore \qquad d=a+b-c$$

这是第一种最简单的解法，也就是一般几何书中的解法。至于其余九解，在后面列举公式，并且加以证明，读者更可用已知数代入检验。

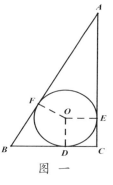

图 一

公式二： $$d = \frac{2ab}{a+b+c}$$

证：如图二，引半径及勾股的平行线，在 $\triangle PQV$ 与

$\triangle OQF$ 里：

$$\angle PVQ = \angle OFQ$$

$$\angle PQV = \angle OQF$$

$$PV = OF$$

$\therefore \qquad \triangle PQV \cong \triangle OQF$

$\therefore \qquad PQ = QO = SD \cdots\cdots\cdots(1)$

仿此 $\qquad \triangle PQV \cong \triangle QBS$

$\therefore \qquad QV = BS \cdots\cdots\cdots(2)$

又 $\qquad PV = DC \cdots\cdots\cdots(3)$

（1）＋（2）＋（3）得 $\qquad PQ + QV + PV = BC$

设 $\qquad QV = a'，PV = b'，PQ = c'$

则 $\qquad a' + b' + c' = a$

又因　　　　　　$\triangle ABC \backsim \triangle PQV$

∴　　　　$\dfrac{a}{b} = \dfrac{a'}{b'}, \quad \dfrac{b}{b} = \dfrac{b'}{b'}, \quad \dfrac{c}{b} = \dfrac{c'}{b'}$

乘以 $\dfrac{1}{2}$ 得

$$\dfrac{a}{2b} = \dfrac{a'}{2b'}, \quad \dfrac{b}{2b} = \dfrac{b'}{2b'}, \quad \dfrac{c}{2b} = \dfrac{c'}{2b'}$$

三式相加得　　$\dfrac{a+b+c}{2b} = \dfrac{a'+b'+c'}{2b'}$

但　　　　$a'+b'+c'=a, \quad 2b'=2r=d$

代得　　　　$\dfrac{a+b+c}{2b} = \dfrac{a}{d}$

∴　　　　$d = \dfrac{2ab}{a+b+c}$。

此式与以下的七个公式，都还可以用面积定理去证明，或将公式一用代数方法化成，这里从略，请读者自行研究。

三

公式三： $$d = \frac{(c-b+a)(c+b-a)}{a+b+c}$$

证：如图三，引半径及勾的平行线。

设　　　　　　$PK=a'$, $AK=b'$, $AP=c'$

则　　　$a'+b'+c'=AP+PG+AK+KG$

　　　　$=AP+PF+AK+KE$

　　　　$=AF+AE=c+b-a$

　　　$c'-b'+a'=AP+PG+GK-AK$

　　　　$=AP+PF+GK-(AE-KE)$

　　　　$=AF+GK-AE+KE=2r=d$

又因　　　　　$\triangle ABC \backsim \triangle APK$

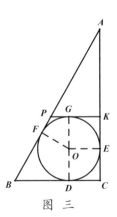

图　三

∴　　　　　$\dfrac{a}{a'} = \dfrac{b}{b'} = \dfrac{c}{c'}$

由合比定理得　　　$\dfrac{a+b+c}{a} = \dfrac{a'+b'+c'}{a'}$

仿此得

$$\frac{c-b+a}{a} = \frac{c'-b'+a'}{a'}$$

两式相除得

$$\frac{a+b+c}{c-b+a} = \frac{a'+b'+c'}{c'-b'+a'}$$

以前式代得

$$\frac{a+b+c}{c-b+a} = \frac{c+b-a}{d}$$

$$\therefore \qquad d = \frac{(c-b+a)(c+b-a)}{a+b+c}$$

四

公式四:
$$d = \frac{a(c+b-a)}{c+b} \text{。}$$

公式五:
$$d = \frac{b(c-b+a)}{c+a} \text{。}$$

证: 如图四,引补助线,

设　　　　$QX=a'$, $AX=b'$, $AQ=c'$

因　　　　　$FQ=QH=XE$

$\therefore$ 　$c'+b'=AF+FQ+AE-XE=AF+AE=c+b-a$

$$a'=d$$

又因　　　　$\triangle ABC \backsim \triangle AQX$

$\therefore$ 　$\dfrac{c}{a}=\dfrac{c'}{a'}$ 　$\dfrac{b}{a}=\dfrac{b'}{a'}$

加得　　　$\dfrac{c+b}{a}=\dfrac{c'+b'}{a'}$

以前式代得　$\dfrac{c+b}{a}=\dfrac{c+b-a}{d}$

故得公式四　$d=\dfrac{a(c+b-a)}{c+b}$

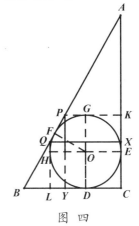

图　四

假使用相似三角形PBY与ABC，仿此法可证明公式五。

H.

公式六：
$$d = \frac{2a(c-a)}{c+b-a}。$$

公式七：
$$d = \frac{2b(c-b)}{c-b+a}。$$

证 如图四，引补助线，

设　$QX=a'$，$AX=b'$，$AQ=c'$

因　　　　　　$FQ=QH=XE$

∴　$c'+b'-a' =AF+FQ+AE-XE-QX$

$=AF+AE-QX$

$=2AE-2KE=2AK$

$c-a=AF+FB-BD-CD$

$=AF-CD=AE-KE=AK$

∴　$c'+b'-a' =2(c-a)$

又因　　　　△ABC∽△AQX

$$\therefore \qquad \frac{c}{a} = \frac{c'}{a'} \qquad \frac{b}{a} = \frac{b'}{a'} \qquad \frac{a}{a} = \frac{a'}{a'}$$

加减得 $$\frac{c+b-a}{a} = -\frac{c'+b'-a'}{a'}$$

以前式代得 $$\frac{c+b-a}{a} = \frac{2(c-a)}{d}$$

故得公式六 $$d = \frac{2a(c-a)}{c+b-a}$$

若用相似三角形PBY与ABC，仿此法可证明公式七。

六

公式八： 　　　　$$d = \frac{(c-b)(c+b-a)}{a}。$$

公式九： 　　　　$$d = \frac{(c-a)(c-b+a)}{b}。$$

证：如图五，引补助线，

设　　　$BL=a'$, $QL=b'$, $QB=c'$

则　　　$a' = BD-LD = BF-CE$

　　　　　　$= (BF+AF) - (CE+AE)$

　　　　　　$= AB-AC = c-b$

　　　$c' + b' - a' = BQ+QH+HL-BL$

　　$= BQ+QF+HL-BL = BF+HL-BL$

　　$= BD-BL+HL = LD+HL = 2r = d$

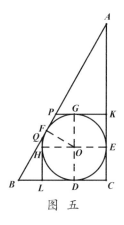

图　五

又因　　　　　　　$\triangle QBL \backsim \triangle ABC$

仿前节得　　　　$\dfrac{c+b-a}{a} = \dfrac{c'+b'-a'}{a'}$

以前式代入得
$$\frac{c+b-a}{a}=\frac{d}{c-b}$$

故得公式八
$$d=\frac{(c-b)(c+b-a)}{a}。$$

若使用相似三角形 APK 与 ABC，仿此法可证明公式九。

公式十： $d^2-2(a+b)d+2ab=0$。

证：如图六，引补助线，则在 $\triangle AHL$ 与 $\triangle OFL$ 里：

$$\angle AHL=\angle OFL$$

$$\angle ALH=\angle OLF$$

$$AH=OE=OF$$

$$\triangle AHL\cong\triangle OFL$$

仿此 $\triangle BKM\cong\triangle OFM$

于是 $\triangle ABC=$梯形$ACDL+\triangle OFL$

$$+\text{梯形}BDOM+\triangle OFM$$

$$=\text{梯形}ACDL+\triangle AHL$$

$$+\text{梯形}BDOM+\triangle BKM=\square HC+\square KD$$

即 $\dfrac{1}{2}ab=br+(a-r)r$

$$r^2-(a+b)r+\frac{1}{2}ab=0$$

$$4r^2-4(a+b)r+2ab=0$$

$$\therefore \qquad d^2-2(a+b)d+2ab=0$$

不论用中国古法或现今代数中的方法，都可解这二次方程式而求d。

《海镜一隅》称这种解法是本题的"正法"，因为计算的时候只需用到题中已知的勾与股，而不必先求弦。

堆宝塔

当你乘坐京沪线火车，驶过从浒墅关到苏州的一段路线时，可以看到车窗外有许多玻璃花房，连绵约十公里。那是著名的苏州产花区，种植玳玳、珠兰、茉莉等饮用花卉，已经成为当地农民的主要生产副业。有些农民为了准备增加生产，预先买好了数百个花盆，堆在花房附近的空地上。他们为了节省放置花盆的地面，常常把花盆有规律地堆起来，成为像宝塔那样的高耸耸的尖堆。这样一堆堆地屹立在那里，非常整齐美观。

我们观察这些像宝塔那样堆着的花盆，那堆积的方法，最普通的不外乎底面是正方形、正三角形、长方形的尖堆，或底面是长方形的上小下大的平台四种。第一种的形式，好像是立体几何学中的正四角锥，第二种好像是正三角锥，第三种好像是长方楔，第四种好像是长方台。因为它们的中间是留有空隙的，所以实际跟立体的正四角锥等并不一样。若是要求这堆积的个数，当然不能应用立体几何学中求锥体体积的方法。

讲到这各种堆积的花盆求总数的方法，在西洋算学中就是特种数列求和的方法，我们在代数学中可以见到。在中国古算学中，最早见于宋代沈括的《梦溪笔谈》，又见于宋秦九韶、杨辉，元朱世杰诸家的书中，叫作"隙积术"或"垛积术"。沈氏的《梦溪笔谈》中说：隙积之术，为"九章"所未及；谓积之有虚隙者，如累棋、层坛及酒家积罂之类，不能用商功章刍童（即长方台）之法求之。"后面设长方台垛积一题，知道顶层和底层各边的数，立法解得它的总数。这是后世垛积术的始祖。秦、杨二氏书中，不过据以传述，未见发明。朱氏的《四元玉鉴》，除将沈氏的一个解法加以变通外，另创正方、三角、长方诸尖堆，及其他共十余种垛积的专术，于是垛积算法就很完备了。

中国古算书中大多数的题目是只有解法没有证明的。沈、朱二氏所创的各种解法，都可译成公式，这公式究竟如何发明的，现在无从稽考。在近世代数学中，虽可用演绎法、归纳法或差级数法推演而得，但在沈括第一个发现这隙积术的时候（公元1060年），似乎还谈不到这高深的学理。那么沈氏究竟怎样发现这个解法的呢？要解决这个问题，不妨注意前面几篇所谈的演段算法。因为垛积各层的数, 愈在上层, 其数愈少, 如果能将各层的数设法填补, 使它完全相同, 就可利用乘法, 极容易找到它的答案了。研究的结果, 上面提及的四种普通垛积, 都有了相当的方法可以证明。虽不敢说沈、朱二氏一定是根据此法发明隙积术的, 然而在那演段算法发达的时代, 这大概总有七八分的可能性吧! 现在把它们的公式和证明分别记述下来, 供读者参考。

诸位在学习算术的时候，也许曾经学过一个关于兵士排三角阵的问题。譬如兵士排阵，首排一人，以后逐排多一人，已知最后一排有n人——实际排数也是n，求总人数。假使n是六，把这三角阵画成如右图用●表示的部分，这是实际的阵。另画一个同样倒转来的虚阵，如图中用〇表示的部分，拼合成一个长方阵，长边七人是首末两排人数的和n+1，短边六人是排数n，总人数一定是四十二，是n(n+1)，于是折半，知原有的三角阵有二十一人。用公式表示，得总人数

$$S_n = \frac{1}{2}n(n+1)$$

这实际就是首项一、公差一、末项n、项数也是n的一个等差数列求和的公式。这公式在南北朝时，张邱建已经应用到，大概他就是利用上面的图形发明的。我们现在所要讲

的垛积术的图形证明,一则与此法有些类似,二则还需应用到这个公式,所以把它先行提出,使读者在看下文时容易看懂。

闲话少说,下面先讲一讲正方锥垛积的公式及其证明:

正方锥垛积就是堆得像金字塔那样的方正正、尖峭峭的一堆花盆。它的顶上是一个,以下逐层都是每边递增一个的正方阵。如果知道它的底层每边有n个,那么层数一定也是n,我们要求花盆的总数S_n,可用如下的公式:

$$S_n = \frac{1}{6}n(n+1)(2n+1)$$

很明显的,上式中的S_n所表的,实际就是数列

$$1^2,\ 2^2,\ 3^2,\ 4^2,\ 5^2,\ \cdots\ (n-1)^2,\ n^2$$

的总和,这数列在现今的代数中,称作"自然数的平方数列"。

用图形来证明上举的公式,应该把各层的花盆分别画下来,如下图——假定n是六:

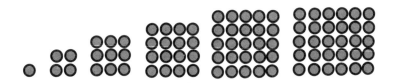

这是实积,另外假定把第n层——就是末一层的花盆分开来,得n个横列,每列n个——图中用六代n,以下同,再把第$(n-1)$层的花盆分成$(n-1)$个横列,每列$(n-1)$个;…第二层分成两列,每列两个;顶层照旧是一个。顺次配上去,得如下图的虚积:

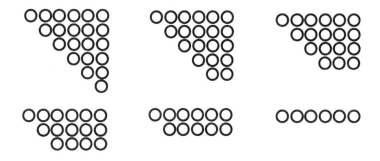

再假定把这图的横列一概改作竖行,又得下图的虚积:

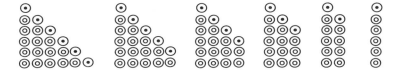

上列三图,每图的花盆数都是题中所有的花盆数,就是S_n。现在把第三图中用⊙表示的花盆拣出来,刚巧可以排成一个每边n的正三角阵,其余用◎表示的同第一、二两圈拼起来,刚巧又得到$(n+1)$个每边n的正方阵,如下图:

上图的正三角阵, 有花盆 $\frac{1}{2}n(n+1)$ 个, 每个正方阵有花盆 n^2 个, $(n+1)$ 个正方阵就有 $n^2(n+1)$ 个。因为它们的总数是原有花盆数的三倍, 所以得式

$$3S_n = n^2(n+1) + \frac{1}{2}n(n+1)$$

化简, 得

$$3S_n = \frac{1}{2}[\,2n^2(n+1) + n(n+1)] = \frac{1}{2}n(n+1)(2n+1)$$

$$\therefore S_n = \frac{1}{6}n(n+1)(2n+1)。$$

二

其次，讲正三角锥垛积的公式及其证明：

正三角锥垛积的顶层是一个，以下逐层都是每边递增一个的正三角阵。假使知道它的底层每边有n个，就可由公式求得总数是

$$S_n = \frac{1}{6}n(n+1)(n+2)$$

也把各层的花盆分别画下，得如图的实积——假定n是六：

第n层有花盆$\frac{1}{2}n(n+1)$个；

第$(n-1)$层有花盆$\frac{1}{2}(n-1)n$个；

第$(n-2)$层有花盆$\frac{1}{2}(n-2)(n-1)$个；

……………………………………；

第2层有花盆$\frac{1}{2} \cdot 2 \cdot (2+1)$个；

第1层有花盆$\frac{1}{2}\cdot1\cdot(1+1)$个。

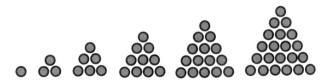

假定都加倍，第n层的两倍，只需照原图画下两个每边n的正三角阵；第$(n-1)$层的两倍是$(n-1)n$个，画$(n-1)$个横列，每列n个；第$(n-2)$层的两倍是$(n-2)(n-1)$个，画$(n-2)$个横列，每列$(n-1)$个……第2层的两倍是2（2+1）=2×3个，画2个横列，每列3个；第1层的两倍是1（1+1）=2个，就画1个横列。顺次配上去，就得下图的虚积：

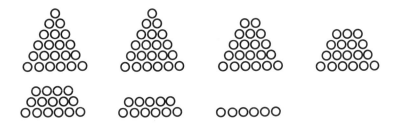

这图内的花盆数是原有花盆数的两倍，自是不必细说。现在把虚积同实积并起来，得$(n+2)$个每边n的正三角阵，它们的总和又恰巧是原有花盆数的三倍：

于是得式　　　　　　$3S_n = \dfrac{1}{2}n(n+1)(n+2)$

化简即得　　　　　　$S_n = \dfrac{1}{6}n(n+1)(n+2)$

四

接着，再讲长方楔垛积的公式及其证明：

长方楔垛积的顶层广1个，长p个，以下逐层的长广都递增1个。若底层的广是n个——实际层数也是n，那么长一定是(p+n-1)个。因为顶层的长比广多(p-1)个，所以底层的长比广n也要多(p-1)个。求总数的公式如下；

$$S_n = \frac{1}{6}n(n+1)(3p+2n-2)$$

要证明这个公式，需就p的各种不同的数值分别来讲。先讲p=2时的情形。也把各层的花盆分别画下来，假定n是5：

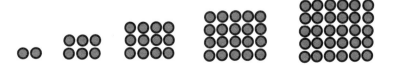

把第n层分为n个横列，每列(p+n-1)个；第(n-1)层分

为 $(n-1)$ 个横列, 每列 $(p+n-2)$ 个……第2层分为2个横列, 每列 $(p+1)$ 个; 第1层 p 个仍为1列。顺次配上去, 得下图的形式:

横行一概改作竖列, 再得一图:

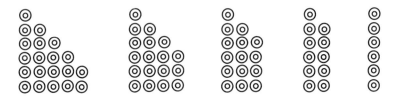

三图合并, 得 n 个长 $[(p+n-1)+1]$ 个、广 $(p+n-1)$ 个的长方阵, 它的总数恰巧等于 S_n 的三倍:

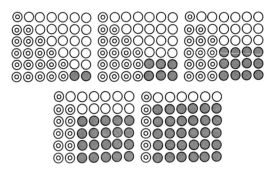

于是得式 $3S_n=n[(p+n-1)+1](p+n-1)$。

再讲 $p=3$ 时的情形, 仿上法画成三图——假定 n 是4:

必须拣出用⊙表示的花盆排成一个每边n的正三角阵, 然后再合并成n个长〔$(n+n-1)+1$〕个, 广〔$(p+n-1)-1$〕个的长方阵, 如下图:

于是得式

$$3S_n = n〔(p+n-1)+1〕〔(p+n-1)-1〕+\frac{1}{2}n(n+1)。$$

由此知道$p=3$时, 需抽出1个每边n的正三角阵, 余下的才能合成n个同样的长方阵, 并且知道这些长方阵的广比垛积的底长少1。

依此类推，知$p=4$时，需抽出2个每边n的正三角阵，余下的才能合成n个同样的长方阵，每个长方阵的广比底长少2；$p=5$时，需抽出3个每边n的正三角阵，余下的才能合成n个同样的长方阵，每个长方阵的广比底长少3……总而言之，p不论是多少，必须抽出$(p-2)$个每边n的正三角阵，余下的才能合成n个同样的长方阵，每个长方阵的广比垛积的底长少$(p-2)$；但是长方阵的长总比垛积的底长多1。

故得

$$3S_n=n\left[(p+n-1)+1\right]\left[(p+n-1)-(p-2)\right]+\frac{1}{2}n(n+1)(p-2)$$

把它化简一下，得

$$3S_n = n(p+n)(n+1)+\frac{1}{2}n(n+1)(p-2)$$

$$=\frac{1}{2}[2n(n+1)(p+n)+n(n+1)(p-2)]$$

$$=\frac{1}{2}n(n+1)[(2(p+n)+(p-2)]$$

$$=\frac{1}{2}n(n+1)(3p+2n-2)$$

$$\therefore \quad S_n=\frac{1}{6}n(n+1)(3p+2n-2)。$$

五

　　至此，已证明了三个垛积公式，此外还有一个长方台垛积公式，我们可以无须利用图形，只要根据长方楔垛积公式就可推定，因为长方台比同底的长方楔少了一个小长方楔，所以要求它的总数时，可用刚才的公式求出同底的长方楔的积及少去的小长方楔的积，两积相减，即得实有的积。

　　假定长方台垛积的顶层长有 a 个，广有 b 个，层数仍是 n，那么上面虚的小长方楔的底广必是 $(b-1)$ 个，于是层数也是 $(b-1)$。同时知虚积补到实积后，所得的大长方楔有 $(n+b-1)$ 层。又因各层的长比广总多 $(a-b)$ 个，而长方楔顶层广有1个，所以长一定是 $(a-b+1)$ 个。于是以 $(n+b-1)$ 与 $(a-b+1)$ 代长方楔垛积公式中的 n 与 p，得

　　补成的大长方楔积 $=\dfrac{1}{6}(b+n-1)(b+n)(3a-3b+3+2b+2n-2-2)$

$$= \frac{1}{6}\left(6abn + 3an^2 - 3an + 3bn^2 - 3bn + 2n^3 - 3n^2 + n + 3ab^2 - b^3 - 3ab + b\right)$$

以 $(b-1)$ 与 $(a-b+1)$ 代长力垛积公式中的 N 与 P，得

$$虚的小长方垛积 = \frac{1}{6}(b-1)b(3a - 3b + 3 + 2b - 2 - 2)$$

$$= \frac{1}{6}\left(3ab^2 - b^3 - 3ab + b\right)$$

两式相减，得

$$S_n = \frac{1}{6}\left(6abn + 3an^2 - 3an + 3bn^2 - 3bn + 2n^3 - 3n^2 + n\right)$$

$$= \frac{n}{6}\left(6ab + 3an - 3a + 3bn - 3b + 2n^2 - 3n + 1\right)$$

$$= \frac{n}{6}\left[6ab + 3a(n-1) + 3b(n-1) + (2n^2 - 3n + 1)\right]$$

$$= \frac{n}{6}\left[6ab + 3(a+b)(n-1) + (n-1)(2n-1)\right]$$

这就是朱世杰《四元玉鉴》书中的公式，外形与沈括《梦溪笔谈》里的公式全异，但实际仍是一样的。证明如下：

假定用 c 代长方台的底长，d 代底广，则得

$$n-1 = c-a, \quad n-1 = d-b$$

代入 $S_n = \dfrac{n}{6}\left[6ab + 3a(n-1) + 3b(n-1) + (n-1)(2n-1)\right]$

得　　　$S_n = \dfrac{n}{6}\left[6ab + 3a(d-b) + 3b(c-a) + (c-a)(2d-2b+1)\right]$

$$= \frac{n}{6}(2ab + ad + 2cd + bc + c - a)$$

$$= \frac{n}{6}[a(2b + d) + c(2d + b) + (c - a)]$$

$$= \frac{n}{6}[a(2b + d) + c(2d + b)] + \frac{n}{6}(c - a)$$

这是沈括的公式，也就是中国垛积术的原始公式。读者不妨将已知数代入上述各公式，逐一检验。

哑子买肉

　　"哑子来买肉，难言钱数目，一斤少四十，九两多十六，试问能算者，应得多少肉？"这又是一个诗歌体的古算题，见明程大位的《算法统宗》书中。它的解法，实际上非常容易，不过是一个"盈亏类"问题罢了。因为哑子买肉9两，可余钱16文；若买16两，反不足40文，可见要想多买肉16两–9两=7两，必须要多费钱16文＋40文=56文。于是知道肉每两的价钱是56文÷7=8文，这哑子共有钱8文×9+16文=88文，恰巧可买肉11（即88÷8）两。

　　这种盈亏类问题的起源很早，秦、汉以前就有"九数"的名称，这九数中有一种叫作"盈不足"，就是盈亏的算法。刘徽所注《九章算术》的第七章就是盈不足，所载的问题，除盈不足外，更有"两盈""两不足""盈适足"和"不足适足"等。和现今算术中盈亏类的各种问题完全类似。

　　古法解盈不足问题，另立专法，将两次所买肉的两数与

两次盈不足的数列成下式:

前所买数 ⟍ ⟋ 不足数
后所买数 ⟋ ⟍ 盈 数，交叉相乘，两积相并，得数

为被除数，又盈不足相并，得数为除数，两数相除即得。

前题若依古法计算，列式:

前买肉16两 ⟍ ⟋ 不足40文
后买肉9两 ⟋ ⟍ 盈 16文'

哑子应得肉 $\dfrac{16 \times 16 + 9 \times 40}{40 + 16}$ 两 =11两。跟新法比较，简易

而又别致。

现在说明它的原理: 设取钱 y 文，买每两价 x 文的肉，若

买 A 两，不足 B 文；若买 A' 两，盈 B' 文。则肉价 x 为 $\dfrac{y+b}{a}$ ，又

为 $\dfrac{y-b'}{a'}$ ，于是得方程式

$$\frac{y+b}{a} = \frac{y-b'}{a'}$$

去分母，得　　　　$ay-ab' = a'y + a'b$

移项，归并，得　$(a-a')y = ab' + a'b$

∴　　　　　　　$y = \dfrac{ab' + a'b}{a-a'}$ ……………………………(1)

又钱数 y 为 $ax-b$ ，又为 $a'x+b'$ ，再得方程式

$$ax-b = a'x+b'$$

移项，归并，得　$(a-a')x = b+b'$

∴　　　　　　　$x = \dfrac{b+b'}{a-a'}$ ……………………………(2)

以(2)除(1)，得应得肉的两数是

$$\frac{y}{x} = \frac{ab' + a'b}{a - a'} \div \frac{b + b'}{a - a'} = \frac{ab' + a'b}{b + b'}$$

这就是古法的公式。

在哑子买肉的问题中, 若买肉16两, 则不足40文; 买肉9两, 则盈16文; 买肉11两, 则没有盈也没有不足而钱适尽。现在把它推广一下, 列为下表, 以备研究:

买肉两数	…	8	9	10	11	12	13	14	15
盈钱文数	…	24	16	8	0	−8	−16	−24	−32
买肉两数	…	16	17	18					
盈钱文数	…	−40	−48	−56					

表中盈钱−8文, 实际就是不足钱8文, 为方便起见, 特用负数表示。从表可见买肉的两数以1递增, 盈钱的文数以8递减, 双方各成一等差数列。换句话说, 就是肉数的改变值恰和盈数的改变值成比例。

根据上说, 又可用别法得出前节的公式如下:

设买肉z两$\left(即\dfrac{y}{x}两\right)$而钱适尽, 则因

买肉a两，则盈$-b$文；

买肉z两，则盈0文；

买肉a'两，则盈b'文；

得比例式　　　$(a'-a):(z-a)=[b'-(-b)]:[0-(-b)]$

即　　　　　　$(z-a)(b+b')=b(a'-a)$

化简得　　　　　　　$$z=\frac{ab'+a'b}{b+b'}$$

这跟前节的公式完全一样。

由上述的原理，知道凡两种数量的改变值成比例的，已知其中任意的两组对应值，则一种数量为0时，其相应的他种数量都可用上面的公式求出来。

例如，改哑子买肉问题的中间两句为"十两多八文，十三少十六"，则如法列式：

前买肉10两　　　盈　8文
后买肉13两　　　不足16文，

应得的肉是$\frac{10\times16+13\times8}{8+16}$两=11两，答案仍是一样。

若改原题为"八两多廿四，斤二少五六"，仍得同答案。

但是改原题为"八两多廿四，九两多十六"，那么上述的方法就不适用了，因为这时已变成了"两盈"的问题。要解决这一个问题，实际仍可仿照前法，列成公式，结果不过把应加的改作了减，其余并没有两样。现在把公式写下，求

法留待读者自试:

$$z = \frac{ab' - a'b}{b - b'}$$

前买肉 8 两　　　　盈 24 文
后买肉 9 两　　　　盈 16 文'

故应得肉 $\dfrac{9 \times 24 - 8 \times 16}{24 - 16}$ 两 $= 11$ 两。

"两不足"的仍是一样。

三

　　下面另举一个哑子买肉的问题：

　　"哑子请客，携钱124文入市，取其一部分买肉，回家时途遇恶犬，被衔去 $\frac{1}{2}$，于是再入市中，将余钱一起添买，但仍比初买的肉少了1两。已知肉每两价8文，问：初时买肉多少？"

　　本题与前述的显然不同，但是也可用盈不足算法求它的答案，为什么呢？我们不妨任意假定所买的肉是4两，那么被犬衔去2两，添买了1两，共买5两，需钱40文，题中却是124文，比这盈84文；若买5两，那么被犬衔去2.5两，添买了1.5两，共买6.5两，需钱52文，题中盈72文。依此推求，可得下表：

买肉两数	⋯	4	5	6	7	8	⋯	14	⋯
盈钱文数	⋯	84	72	60	48	36	⋯	−36	⋯

其中肉数以1递增，盈数以12递减，双方的改变值恰好也成比例，跟前节所讨论的相符。于是知道要解本题，可先以任意数假定为所求数，依题推算，看它的结果与题中已知数相差多少，是盈还是不足，如此两次，就得一盈不足问题，仍利用前法求它的答案。

现在把这问题用盈不足术解答如下：

设这哑子初时买肉6两，则被犬衔去6两×$\frac{1}{2}$=3两，添买了3两–1两=2两，共计买肉6两+2两=8两，需钱8文×8=64文，题中已知钱数盈124文–64文=60文；若初时买肉14两，则被犬衔去14两×$\frac{1}{2}$=7两，添买了7两–1两=6两，共计买肉14两+6两=20两，需钱8文×20=160文，题中已知钱数不足160文–124文=36文。于是列式：

$$\begin{matrix} \text{前买肉 6 两} & & \text{盈 60 文} \\ \text{后买肉 14 两} & & \text{不足 36 文} \end{matrix}$$

得初时买肉$\frac{6\times36+14\times60}{60+36}$两=11两。

这样的算法，从任意的数入手，确是数学中别开生面的方法。在《九章算术》书中，就有四个问题用这样的方法求到答案。

四

　　"哑子持钱入市，买精肉和粗肉共1斤4两，用去钱151文。已知精肉每两价8文，粗肉每两价7文，问：买精肉与粗肉各几两？"这又是一个哑子买肉的新问题，但却属于鸡兔的一类。此题是否仍可用盈不足术解，现在不妨一试。

　　设买精肉8两，则买粗肉20两–8两=12两，共钱8文×8+7文×12=148文，题中盈151文–148文=3文；若买精肉13两，则买粗肉20两–13两=7两，共值钱8文×13+7文×7=153文，题中不足153文–151文=2文。于是列式：

前买肉 8 两　　　　盈　3 文
后买肉 13 两　　　不足 2 文'

得共买精肉 $\dfrac{8 \times 2 + 13 \times 3}{3 + 2}$ 两 =11两。

前买肉 12 两　　　　盈　3 文
后买肉 7 两　　　　不足 2 文'

得共买粗肉 $\dfrac{12 \times 2 + 7 \times 3}{3 + 2}$ 两 = 9 两。

依题验算，完全无误。

研究它的原理，可顺次假定所求的数，验它的盈不足，列为下表：

精肉两数	…	8	9	10	11	12	13	14	…
粗肉两数	…	12	11	10	9	8	7	6	…
盈钱文数	…	3	2	1	0	−1	−2	−3	…

其中精肉的两数与盈钱文数的改变值成比例；粗肉的两数与盈钱文数的改变值也成比例。因此仍可利用前法求其答案。

《九章算术》中有五个问题，也用类似的方法求解。

五

"有甲乙二哑子，都喜欢吃肉，某日同入市中，甲买肉1斤，乙买肉2两。甲很节约，以后虽每日买肉，但其数逐日减半；乙性贪食，以后逐日加倍。问：经几日后，两人所买肉的总数相等？"这问题很有趣味，不妨仍用盈不足术求解：

设经3日后两人所买肉的总数相等，那么甲已买肉的两数是16+8+4=28，乙已买肉的两数是2+4+8=14，二数不能如题中所说的相等，计后者不足28两–14两=14两；若经6日，则甲已买肉的两数是16+8+4+2+1+0.5=31.5，乙已买肉的两数是2+4+8+16+32+64=126，也不能相等，计后者盈126两–31.5两=94.5两。于是列式：

经 3 日 盈 14 两
经 6 日 不足 94.5 两，

得所经日数为 $\dfrac{3 \times 94.5 + 6 \times 14}{14 + 94.5} = 3.38\cdots$。

其实本题的答案，一试便知。因甲逐日所买肉的两数顺次是16，8，4，2，1……乙逐日所买肉的两数顺次是2，4，8，16，32……其中首列四数，前后次序恰相颠倒，它们的和，甲是16+8+4+2=30，乙是2+4+8+16=30，数目相等，那么所经的日数为4日无疑。但用盈不足术解得的结果却是3.38…日，何以会错误呢？我们来把它研究一下，照前法逐次假定日数，算出盈数，列成下表：

所经的日数	1	2	3	4	5	6	…
乙盈的两数	−14	−18	−14	0	31	94.5	…

其中所经日数为等差数列，但乙的盈数却不是，所以双方的改变值不成比例，现在仍用盈不足术解，结果当然要错误了。

　　用代数来解这问题，原来可列成一"指数方程式"。现在把它详解如下，本题的确不能用盈不足术求解，由此更可得一明证。

　　设二人所买肉的总数经x日而相等，则x日后甲已买肉的两数是$16+16\left(\dfrac{1}{2}\right)+16\left(\dfrac{1}{2}\right)^2+16\left(\dfrac{1}{3}\right)^3+\cdots\cdots$（共$x$项），由等比数列求和的公式，得其数为

$$\frac{16\left[1-\left(\dfrac{1}{2}\right)^x\right]}{1-\dfrac{1}{2}}=32-\frac{32}{2^x}$$

又乙已买肉的两数是$2+2\times2+2\times2^2+2\times2^3+\cdots\cdots$（共$x$项），由

同法得其数为

$$\frac{2(1-2^x)}{1-2} = -2 + 2 \times 2^x$$

由题意得方程式

$$32 - \frac{32}{2^x} = -2 + 2 \times 2^x$$

化简, 得 $(2^x)^2 - 17(2^x) + 16 = 0$。

解得 $2^x = 1$ 或 $2^x = 16$。

若 $2^x = 1$, 则 $x = 0$ 为不合理。

若 $2^x = 16$, 则 $log2^x = log16$,

$xlog2 = log16$

故得 $x = \dfrac{\log 16}{\log 2} = \dfrac{1.204\cdots\cdots}{0.301\cdots\cdots} = 4$

答数4日, 准确无误。

《九章算术》盈不足章最后三题, 前两题与此相类似, 后一题则在代数中为二次方程式, 该书由盈不足术求得答案, 验算都错误。历代算家, 或加注释, 或订正文字谬误, 都没有发现它的错处, 直到清末, 才由蔡毅若、华蘅芳两人加以订正。

照此看来, 利用盈不足算法, 虽可由任意数入手, 解应用问题, 但也有限制。普通算术中的问题, 在代数中是一次方程式的, 以任意数连续假定为所求数, 算出盈数, 前者与后者的改变值能成比例,可用盈不足术解。至于其他不能列为一次方程式的,所求数与盈数的改变值都不成比例,若仍用盈不足术计算,结果就要铸成大错了。

龟背神图

古时流传着一段神话，说是在伏羲氏王天下的时候，黄河里跳出一匹龙马，背上负了一幅图，叫作"河图"，上面有黑白圈五十五个，用直线连缀而成十数，如图一。又在夏禹治洪水的时候，洛水里出

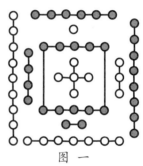

图　一

现一只大龟，背上有图有字，叫作"洛书"，图中有黑白圈四十五个，也用直线连缀，成为九数，如图二。据说自从河图出现以后，才画成了八卦；洛书出现以后，才产生了数学。

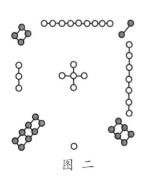

图　二

关于这段神话，曾有不少古人加以考据，加以研究。就河图来考察，不过显示了十个基本的整数，含有以十进制的意思。就洛书来

考察，却跟今日的方阵图，即西洋人所称的"魔方"完全相同。其中所列九数，每纵行、横列、斜角三数的和都是十五，列法奇妙，远胜河图。洛书中原来是有文字的，但早已失传。古人认为两者对举，似属不伦不类，况且考证古籍，到北宋时才有这个传说，唐以前绝未见到，因此多数人的意见，认为这个传说绝不真确。河图实无甚意义，洛书就是方阵，大概古人偶然发现了这九个数排列的方法，恐怕失传，于是再排十数而成河图，同它相配，有意编造了这段神话，借此流传到后世。

汉代徐岳所著"数术记遗"书中，说到古时计数的方法，有一种叫作"九宫算"。刻板纵横各三份，共得九格，每格中写一个数字，用各种颜色的算珠，放到方格里面，从算珠的颜色分别算位，从方格内的数字，确定所表的数，这是很古的计算方法。后周甄鸾在这本书里有一段批注，说"九宫者，二四为肩，六八为足，左三右七，戴九履一，五居中央"。就是指出这九个方格里面各数排列的顺序，如图三。其实这里九数的排列，跟洛书中的完全一样，但是那时尚无河图、洛书的神话，可见九宫的方阵图其实早已有了。

4	9	2
3	5	7
8	1	6

图　三

　　洛书中的九数，有纵、横、斜每三数等和的性质，后人就仿效它造成各种方阵和杂形的阵，宋代杨辉、明程大位、清方中通、张潮等所著书中，都有刊载。清保其寿更发明各种正多面体的立体阵，尤为奇妙不可思议。

　　下面把九数以至一百数的方阵，各选易造的两三种，分别述其造法，列举于后。至于其他杂形的阵，读者可参阅"中国算术故事"一书。

　　龟背上的神图可以称作三三方阵。宋代杨辉的《续古摘奇算法》中举出他的造法：只需将九数斜排，如下页图a，上下两数对调，左右两数也对调，结果如下页图b，再将四面四数各向外挺出，成为四角，就得前述的图形。

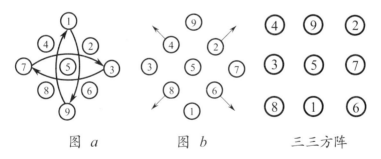

图　a　　　　　　图　b　　　　　　三三方阵

　　现在另创一个新的造法，可自下而上顺次列九数成方阵，如下图a，周围八数各依逆时针方向转过一位，得下图b，再将对角的数各对调就得。

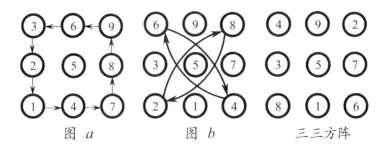

图 a   图 b   三三方阵

下面另举一个彩色的新三三方阵,用自1至3的三数共三组,分为三种颜色,顺次列成方阵,如下图a,周围八数各依时针方向转过一位,得下图b,再将对角的数各对调,就得。

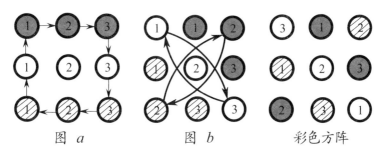

图 a   图 b   彩色方阵

这图中的纵、横每三数都不同,且颜色也不同,但两个斜行的每三数,一则同数不同色,一则同色不同数,这是无法弥补的缺陷。

二

把龟背神图加以推衍，可得四四方阵多种。

若顺次列1至16的十六个数，如下页图a，把1与16，4与13各对调，得下图b，再把6与11，7与10各对调，就得第一种四四方阵。它的纵行、横列、斜角各四数的和都是三十四。

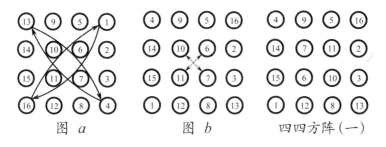

图 a　　　　　图 b　　　　四四方阵（一）

将十六数顺次排成下图a，把1与4，13与16，2与14，3与15各对调，得下图b，再把6与11，7与10各对调，就得第二种四四方阵，纵、横、对角各四数的和也都是三十四。

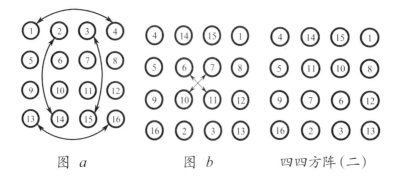

图 a   图 b   四四方阵（二）

四四方阵的种类很多，现在只举两种。

在四四方阵（一）的图中，除纵、横、对角得十个相同的和数外，还有五十个相同的和数，实在奇妙之至。在下列的十五个图中，凡被一线通过的四数，它们的和都是三十四。

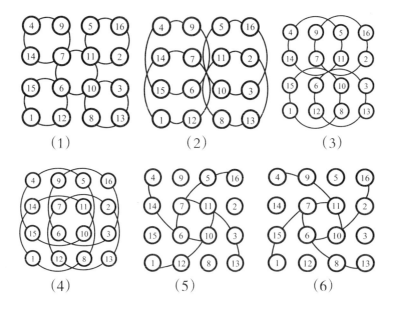

（1）   （2）   （3）

（4）   （5）   （6）

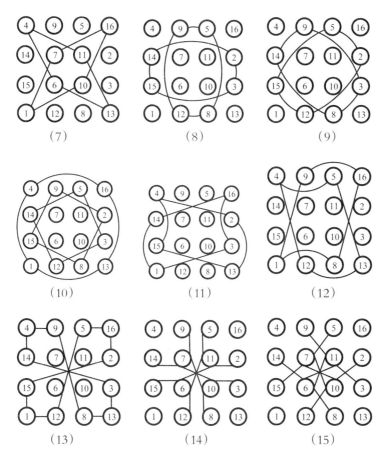

（7）　　　　　　　（8）　　　　　　　（9）

（10）　　　　　　（11）　　　　　　（12）

（13）　　　　　　（14）　　　　　　（15）

在四四方阵（二）的图中，也有类似的情形，但在（5）（6）的形式中，每图少去了两种相同的和数，因此除原有纵、横、斜十种同和外，其他的同和有四十六种。

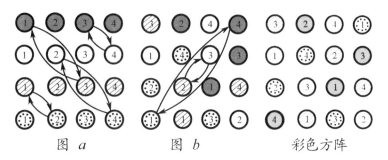

图 a   图 b   彩色方阵

    彩色的四四方阵，能得纵、横、对角每四个都不同数又不同色，没有彩色三三方阵的缺点。排法先照上图a对调四次，再照上图b对调两次就成。

四

五五方阵的种类,比四四方阵更多,现在也略举数种。
先讲和龟背上的三三方阵类似的一种排法。

斜列二十五数如下图a,依图示对调各数,经八次得下
图b,再对调两次后,把四面十二数挺出,就得第一种五五
方阵。其中纵行、横列、斜角每五数的和都是六十五。

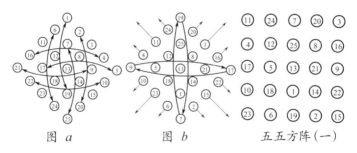

图　a　　　　　图　b　　　　五五方阵(一)

若斜列二十五数如下图a,其在粗线所围正方形内的
十三数不动,四面四个三角形内的数各移到对边相当的空
格内,所得的仍跟第一种五五方阵相同。

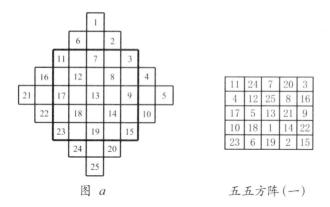

图 a

五五方阵（一）

若把下列图a中一对角线上的各数与中行易位，另一对
角线上各数与中列易位，得图b，再把2与24，4与22，6与20，
16与10各对调，就得第二种五五方阵。

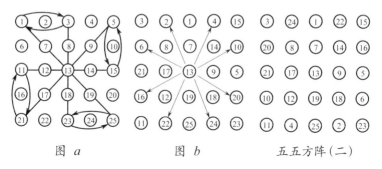

图 a   图 b   五五方阵（二）

若把二十五数中的奇数与偶数分别顺次排列如下图a，
依粗线剪下三个等腰直角三角形，然后各依原来的方向移
入空格内，就得第三种五五方阵。

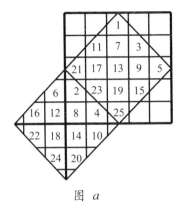

图　a

14	10	1	22	18
20	11	7	3	24
21	17	13	9	5
2	23	19	15	6
8	4	25	16	12

五五方阵（三）

五

　　要排成六六方阵，可先把三十六数分成九组，每组四

数，各成一等差数列如下表：

组次	一	二	三	四	五	六	七	八	九
第1数	1	2	3	4	5	6	7	8	9
第2数	10	11	12	13	14	15	16	17	18
第3数	19	20	21	22	23	24	25	26	27
第4数	28	20	30	31	32	33	34	35	36

再取从1到4的四数共九组，各排成小方阵，再合成大方阵，

使纵、横、斜每六数的和都是十五，如下图a。于是依照龟

背上的图形，由"二四为肩"，把第二组的四数放在下图a右

上角的小方阵内，1处放第1数2，2处放第2数11，3处放第3

数20，4处放第4数29；同法把第四组的四数放在左上角的

小方阵内。由"六八为足"，把第六组的四数放在右下角的

方阵内；第八组的四数放在左下角的小方阵内。再由"左三

右七"，放第三组数于左中，第七组数于右中。由"戴九履

一", 放第九组数于上中, 第一组数于下中。最后由"五居中央", 放第五组数于中央, 就得第一种六六方阵。其中纵、横、斜每六数的和都是一百十一。

2	3	2	3	2	3
4	1	4	1	4	1
2	3	2	3	2	3
4	1	1	4	4	1
2	3	2	3	2	3
1	4	1	4	1	4

图　a

13	22	18	27	11	20
31	4	36	9	29	2
12	21	14	23	16	25
30	3	5	32	34	7
17	26	10	19	15	24
8	35	28	1	6	33

六六方阵（一）

利用前述四四方阵（一）中所列的各数, 也能造成另一种六六方阵, 只需在该阵的各数上加10, 得下图a, 在它的外围依下图b所示的次序添上一层, 就得（图中用〇表的做对角的数）。

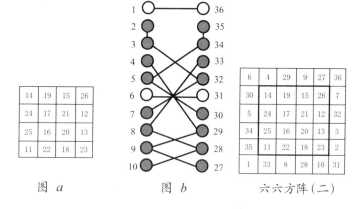

图　a　　　　图　b　　　　六六方阵（二）

六

　　七七方阵的造法，可先把四十九数顺次排列，如下图a中粗线所围的正方形，于是把所有的偶数，全部移到正方形的外面，此时以正方形对角线为界，把偶数分成四部，上部的六数移至下方，下部的移至上方，左部的移至右，右部的移至左，再改斜式为正，就得第一种七七方阵。其中纵、横、斜每七数的和都是一百七十五。

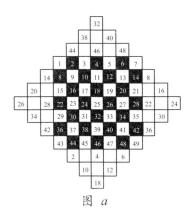

图　a

26	20	14	1	44	38	32
34	28	15	9	3	46	40
42	29	23	17	11	5	48
43	37	31	25	19	13	7
2	45	39	33	27	21	8
10	4	47	41	35	22	16
18	12	6	49	36	30	24

七七方阵（一）

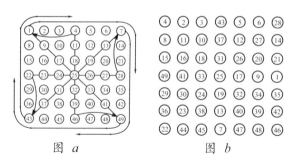

图 *a*　　　　　　　　图 *b*

若顺次列四十九数如上图*a*, 把两斜行的各数都依顺时针方向旋过135°, 再把中行与中列的各数都依逆时针方向旋过45°（即把斜行向右移, 作为中行与中列; 把中行与中列向左移, 作为斜行）, 得上图*b*, 于是依下图*c*所示的位置, 每两数对调, 经六次后, 就得第二种七七方阵。

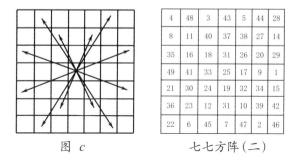

图　*c*　　　　　　　七七方阵（二）

若仿五五方阵（一）（三）与六六方阵（二）的排法, 也能造成其他的七七方阵, 读者不妨自己研究。

列八八六十四数如下图a，把连在一线的八数排成一列，就得第一种八八方阵。其中纵、横、斜每八数的和都是二百六十（下图a中用○表的各数是每列的第一数）。

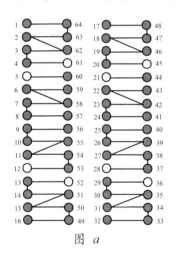

图　a

61	4	3	62	2	63	64	1
52	13	14	51	15	50	49	16
45	20	19	46	18	47	48	17
36	29	30	35	31	34	33	32
5	60	59	6	58	7	8	57
12	53	54	11	55	10	9	56
21	44	43	22	42	23	24	41
28	37	38	27	39	26	25	40

八八方阵（二）

仿六六方阵（一）的排法，制成下表：

组次	第一数	第二数	第三数	第四数
一	1	17	33	49
二	2	18	34	50
三	3	19	35	51
四	4	20	36	52
五	5	21	37	53
六	6	22	38	54
七	7	23	39	55
八	8	24	40	56
九	9	25	41	57
十	10	26	42	58
十一	11	27	43	59
十二	12	28	44	60
十三	13	29	45	61
十四	14	30	46	62
十五	15	31	47	63
十六	16	32	48	64

再制下页图b，其中含十六个小方阵，合成一个大方阵，纵、横、斜每八数的和都是20。然后再依右图a的四四方阵中各数的位置，把上表中各组的数放入图b的小方阵内。每个小方阵的1处放第1数，2处放第2数……就得第二种八八方阵。

4	9	5	16
14	7	11	2
15	6	10	3
1	12	8	13

图a

図 b

2	3	2	3	2	3	2	3
4	1	4	1	4	1	4	1
3	2	3	2	3	2	3	2
1	4	1	4	1	4	1	4
2	3	2	3	2	3	2	3
4	1	4	1	4	1	4	1
3	2	3	2	3	2	3	2
1	4	1	4	1	4	1	4

图　b

八八方阵（二）

20	36	25	41	21	37	32	48
52	4	57	9	53	5	64	16
46	30	39	23	43	27	34	18
14	62	7	55	11	59	2	50
31	47	22	38	26	42	19	35
63	15	54	6	58	10	51	3
33	17	44	28	40	24	45	29
1	49	12	60	8	56	13	61

顺次列六十四数如下图a，把粗线所围的四角四个二二方阵，与中央一个四四方阵同时绕该图的中心旋转180°，就得第三种八八方阵。

图　a

1	2	3	4	5	6	7	8
9	10	11	12	13	14	15	16
17	18	19	20	21	22	23	24
25	26	27	28	29	30	31	32
33	34	35	36	37	38	39	40
41	42	43	44	45	46	47	48
49	50	51	52	53	54	55	56
57	58	59	60	61	62	63	64

八八方阵（三）

64	63	3	4	5	6	58	57
56	55	11	12	13	14	50	49
17	18	46	45	44	43	23	24
25	26	38	37	36	35	31	32
33	34	30	29	28	27	39	40
41	42	22	21	20	19	47	48
16	15	51	52	53	54	10	9
8	7	59	60	61	62	2	1

八

造九九方阵的方法也有多种,仿前述的五五方阵(一)(三),六六方阵(二)以及七七方阵(一)都可以。下面举两个例子:

因为九九方阵可认作是三三方阵的复形,所以可先分八十一数为九组如下表,再依三三方阵排列

28	73	10
19	37	55
64	1	46

第一组

29	74	11
20	38	56
65	2	47

第二组

法的"二四为肩,六八为足,左三右七……",分别列各组的九数,各成一小方阵,最后再把九个小方阵仍依三三方阵的排法,排成一大方阵。其中纵、横、斜每九数的和都是三百六十九。

组次	一	二	三	四	五	六	七	八	九
第1数	1	2	3	4	6	6	7	8	9
第2数	10	11	12	13	14	15	16	17	18
第3数	19	20	21	22	23	24	25	26	27
第4数	28	29	30	31	32	33	34	35	36
第5数	37	38	39	40	41	42	43	44	45
第6数	46	47	48	49	50	51	52	53	54
第7数	55	56	57	58	59	60	61	62	63
第8数	64	65	66	67	68	69	70	71	72
第9数	73	74	75	76	77	78	79	80	81

31	76	13	36	81	18	29	74	11
22	40	58	27	45	63	20	38	56
67	4	49	72	9	54	65	2	47
30	75	12	32	77	14	34	79	16
21	39	57	23	41	59	25	43	61
66	3	48	68	5	50	70	7	52
35	80	17	28	73	10	33	78	15
26	44	62	19	37	55	24	42	60
71	8	53	64	1	46	69	6	51

九九方阵（一）

30	75	12
21	39	57
66	3	48

第三组

31	76	13
22	40	58
67	4	49

第四组

32	77	14
23	41	59
68	5	50

第五组

33	78	15
24	42	60
69	6	51

第六组

在七七方阵（一）的各数上面，都加上16，得下页图中用粗线所围的一个方阵，再在它的外围依下页图a所示的次序添上一层, 就得另一种九九方阵。

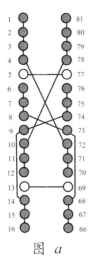

图　a

13	81	80	79	78	10	11	12	5
16	42	36	30	17	60	54	48	66
15	50	44	31	25	19	62	56	67
14	58	45	39	33	27	21	64	68
9	59	53	47	41	35	29	23	73
74	18	61	55	49	43	37	24	8
75	26	20	63	57	51	38	32	7
76	34	28	22	65	52	46	40	6
77	1	2	3	4	72	71	70	69

九九方阵 (二)

九

分一百数为等差数列二十五组如下表，再制下图b，使它的纵、横、斜每十数的和都是廿五，然后依下图a的五五方阵中各数的位置，放各组等差数列在相当的小方阵内，1处放第1数，2处放第2数……就得第一种百子方阵。其中纵、横、斜等十数的和都是五百零五。

组次	一	二	三	四	五	六	七	八	九	十	十一	十二
第1数	1	2	3	4	5	6	7	8	9	10	11	12
第2数	26	27	28	29	30	31	32	33	34	35	36	37
第3数	51	52	53	54	55	56	57	58	59	60	61	62
第4数	76	77	78	79	80	81	82	83	84	85	86	87
十三	十四	十五	十六	十七	十八	十九	二十	廿一	廿二	廿三	廿四	廿五

13	14	15	16	17	18	19	20	21	22	23	24	25
38	39	40	41	42	43	44	45	46	47	48	49	50
63	64	65	66	67	68	69	70	71	72	73	74	75
88	89	90	91	92	93	94	95	96	97	98	99	100

11	24	7	20	3
4	12	25	8	16
17	5	13	21	9
10	18	1	14	22
23	6	19	2	15

图 a

3	2	3	2	3	2	3	2	3	2
4	1	4	1	4	1	4	1	4	1
3	2	3	2	3	2	3	2	3	2
1	4	1	4	1	4	1	4	1	4
2	3	2	3	2	3	2	3	2	3
1	4	1	4	1	4	1	4	1	4
3	2	3	2	3	2	3	2	3	2
4	1	4	1	4	1	4	1	4	1
3	2	3	2	3	2	3	2	3	2
1	4	1	4	1	4	1	4	1	4

图 b

在八八方阵(一)的各数上都加18,得下图中粗线所围的方阵,再在外围依下图a所示的次序添一层,就得另一种百子方阵。

61	36	74	49	57	32	70	45	53	28
86	11	99	24	82	7	20	95	3	78
54	29	62	37	50	75	58	33	66	41
4	79	12	87	25	100	83	8	91	16
42	67	30	55	38	63	46	71	34	59
17	92	5	80	88	13	21	96	9	84
60	35	68	43	26	51	64	39	72	47
85	10	93	18	1	76	14	89	22	97
73	48	56	31	44	69	52	27	65	40
23	98	6	81	94	19	77	2	90	15

百子方阵（一）

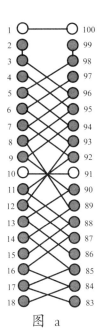

图　a

10	4	95	8	89	14	85	17	83	100
86	79	22	21	80	20	81	82	19	15
13	70	31	32	69	33	68	67	34	88
90	63	38	37	64	36	65	66	35	11
9	54	47	48	53	49	52	51	50	92
94	23	78	77	24	76	25	26	75	7
5	30	71	72	29	73	28	27	74	96
98	39	62	61	40	60	41	42	59	3
99	46	55	56	45	57	44	43	58	2
1	97	6	93	12	87	16	84	18	91

百子方阵（二）

剪纸游戏

一

　　记得在小学读书的时候，在某杂志上看到过一个剪纸游戏的问题，要把如图一的一张纸，依直线剪两刀分成三块，拼成一个正方形。当时我只知道这问题很有趣味，但是要想找出它的答案，却绞尽了脑汁，还是没有办法。最后请教了老师，方才把它解决。

　　其实这问题的解法，在学过平面几何学以后，非常容易。因为这一张纸，可以认为是两个正方形拼合而成的。如图二，在平面几何学中有一条勾股弦定理：直角三角形两条直角边上两个正方形面积的和，等于斜边上正方形的面积，可见只要把这张纸内两个正方形的边当作直角三角形的两条直角边（勾与股），那么斜边（弦）就是所要拼成的正方形的边。于是在图三中的CD上截取CB，使它等于DE，连AB，这就是所求正方形的一边。从实验得知：若连BE，它的长恰和AB相等，且∠ABE刚好是直角。于是依AB与BE两线剪两刀,分纸为三块,拼成图四的形状,不是恰巧成了一个大正方形吗?

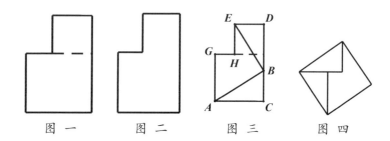

| 图 一 | 图 二 | 图 三 | 图 四 |

上面由实验得到的结果,究竟是否合理,应该用几何定理加以证明:

设如图五,$ACFG$ 与 $DEHF$ 都是正方形,在 DC 上取 B 点,使 $BC=ED$,延长 FG 到 K,使 $KG=ED$,连 AB、BE、EK 与 KA 四直线。

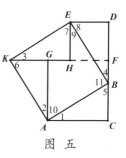

图 五

$$\because \qquad KG=ED=HF$$

$$\therefore \qquad KH=GF=AC$$

又 $\because \qquad DF=EH=BC$

$$\therefore \qquad DB=FC=AC$$

于是 $\qquad AC=GA=KH=DB$

又 $\qquad BC=KG=EH=ED$

$$\angle ACB=\angle AGK=\angle KHE=\angle BDE\,(=90°)$$

$$\therefore \qquad \triangle ABC\cong\triangle AKG\cong\triangle KEH\cong\triangle BED$$

于是　　　　　　　　$AB=AK=KE=BE$

$$\angle1=\angle2=\angle3=\angle4$$

$$\angle5=\angle6=\angle7=\angle8$$

∵　　　　　　$\angle1+\angle5=90°$

∴　　　　　　$\angle4+\angle5=90°$

又 ∵　　　　　$\angle4+\angle5+\angle11=180°$

∴　　　　　　　$\angle11=90°$

又 ∵　　　　　$\angle8+\angle9=90°$

∴　　　　　　　$\angle7+\angle9=90°$

又 ∵　　　　　$\angle10+\angle1=90°$

$$\angle10+\angle2=90°$$

又 ∵　　　　　$\angle1+\angle5=90°$

∴　　　　　　　$\angle3+\angle6=90°$

于是知　　　　　$ABEK$ 为正方形

前已证得　　　　$\triangle ABC\cong\triangle AKG$

$$\triangle BED\cong\triangle KEH$$

所以在两正方形 $ACFG$ 与 $DEHF$ 合成的图形中剪下 ABC 与 BED 两三角形, 移至 AKG 与 KEH 的位置, 恰能补成一大正方形 $ABEK$。

　　前图中的正方形 $ACFG$, 是直角三角形 ABC 中 AC 边上的正方形, $DEHF$ 是 BC 边上的正方形, $ABEK$ 是 AB 边上的正方形，从上述的证明，便可证勾股弦的定理。

　　清代的算学家梅文鼎、何梦瑶、项名达、陈杰、华蘅芳等，都曾利用与此相类似的图形证明勾股弦定理。

　　清末的大算学家华蘅芳氏,在他所著《行素轩算稿》
的"算草丛存二"中,举有二十二幅图形,叫作"青朱出入
图",都是把勾、股上的两个正方形分割,拼成弦上的一个
大正方形,用以证明勾股弦定理。其中由各正方形位置的不
同,生出许多巧妙的变化。华氏的发明,实在令人敬佩。

　　华氏《青朱出入图》中,凡勾、股上两正方形合成前节
图一的形式的,若把它改作剪纸游戏的问题,除前面一种
外,更可得下列的四种方法。不过剪成的块数都不止三块,
剪的刀数有的多了一刀,
有的多了两刀。

　　若连HC,过H作HC
的垂线KL,依HC与KL
两线剪两刀,分成a、b、

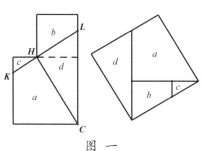

图　一

c、d四块,就可以拼成一个大正方形,如图一。

若连GD，交EH于K，在AC上取L，使AL=ED，连GL，自L作LM∥GD，依KD、GL与LM三线剪三刀，分成c、e、f、g四块，也可以拼成一个大正方形，如图二。

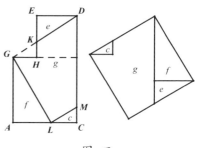

图 二

若在GA上取K，使GK=DF，连KF，自F、K各作KF的垂线，得FL与KM，依KF、FL和KM三线剪三刀，分成a、c、e、h四块，也可以拼成一个大正方形，如图三。

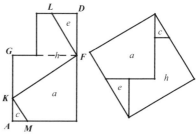

图 三

若在AC上取K，使KC=DF，连KF，自F、K各作KF的垂线，得KM与FL，再在FC上取N，使FB=DF，作AC的平行线PN，依KF、KM、FL与PN四线剪四刀，分成b、c、e、k、l五块，也可以拼成一个大正方形，如图四。

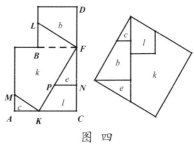

图 四

上述四法的几何证明，这里从略，留待读者自证。

三

剪纸游戏里所用的纸，若把其中两正方形拼合的方式改变，那么根据《青朱出入图》，又可得下列的两种剪法：

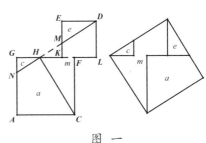

图　一

把第一节图三的正方形$DEHF$向右移动GH长的距离，到$DEKL$的位置，其中$HK=GH$。于是连HC，再连HD，交EK于M, 延长交GA于N, 依HC与ND两线剪两刀，分成a、c、e、m四块，可以拼成一个大正方形，如图一。

若把正方形$DEHF$向右移到$DEKL$的位置，使$GK=ED$，这时在GA上取

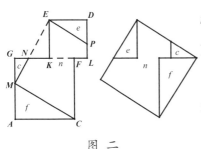

图　二

M，使$MA=ED$，又连MC，再连ME得N点，再自E点作MC的

平行线, 交 *DL* 于 *P*, 依 *MC*、*MN* 与 *EP* 三线剪三刀, 分成 *e*、*c*、*f*、*n* 四块, 也可以拼成一个大正方形, 如图二。

四

要是这张纸内的两个正方形不连在一起的话，把它剪开，拼成一个大正方形，又有下列的两种方法：

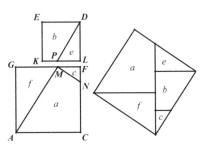

图 一

在 GF 上取 M，使 $GM=ED$，连 AM，自 M 作 AM 的垂线，交 FC 于 N，再在 KL 上取 P，使 $KP=FN$，连 DP，依 AM、MN 与 DP 三线剪三刀，分成五块，可以拼成一个大正方形，如图一。

若在 GF 上取 H，AC 上取 M，使 HF、MC 都等于 ED，连 HM 与 FM，自 G 依与 FM 垂直的方向作 GN，交 HM 于 N，再在 KL 上取 P，使

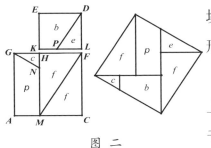

图 二

KP=HN，连*DP*，依*HM*、*FM*、*GN*与*DP*四线剪四刀，分成六块，也可以拼成一个大正方形，如图二。

印度莲花问题

一

　　古代的印度人有一个习惯，他们常常把各种问题和法规用诗歌写出来。下面就是一个诗歌体的古算题：

　　"在波平如镜的湖面，

　　高出半尺的地方长着一朵红莲，

　　它孤零零地直立在那里，

　　突然被狂风吹倒一边，

　　有一位渔人亲眼看见，

　　它现在有两尺远离开那生长地点，

　　请你来解决一个问题：

　　湖水在这里有多少深浅？"

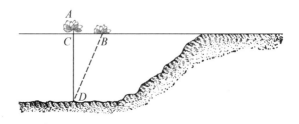

这题目是一个有名的"印度莲花问题"。如上图，我们用AD表示直立着的莲梗，BD表示它被风吹倒一边后的位置。

题中已知原先莲梗露出水面的长AC是$\frac{1}{2}$尺，后来莲梗完全没入水内，这时的CB长2尺，要我们求出湖水的深CD。

很明显，△CDB是一个直角三角形，而BD等于AD。我们现在要来解决这一个问题，只要利用勾股弦定理，列成方程式，就可以求到它的答案。

设水深CD是x尺，则$BD = AD = \left(x + \frac{1}{2}\right)$尺。但已知CB=2尺，故由

$$\overline{BD}^2 = \overline{CD}^2 + \overline{CB}^2$$

得
$$\left(x + \frac{1}{2}\right)^2 = x^2 + 2^2$$

即
$$x^2 + x + \frac{1}{4} = x^2 + 4$$

∴
$$x = 3\frac{3}{4}$$

即湖水的深在这里是 $3\frac{3}{4}$ 尺。

从历史来看，中国在汉明帝时（公元一世纪）开始和印度（当时称天竺）发生文化交流，那时中国已有了《九章算术》的书。我们查得印度在五世纪以后，数学的大部分是中国式的，例如他们的"土盘算法"就是由中国的"筹算"演变而成；他们的"三率法"由《九章算术》中的"粟米""均输"二章的比例算法演变而成。因此，我们推想《九章算术》一书可能在汉代时已经传入印度。

《九章算术》第九章"勾股"中，有如下的一个问题：

"今有池方一丈，葭生其中央，出水一尺；引葭赴岸，适与岸齐。问：水深、葭长各几何？"

"答曰：水深一丈二尺，葭长一丈三尺。"

这问题中所说的葭就是芦苇，它生在方池的中央，而这方池的每边长一丈，可见芦苇离岸边一定是五尺。这芦苇原先直立在池心，高出水面一尺，后来引到岸边，它的顶端恰齐水面，可见这问题和印度莲花问题完全类似，只是调换了两个数字（即半尺换一尺，二尺换五尺）罢了。既然我们曾经推想《九章算术》已在汉时传入印度，那么印度莲花问题也许就是从这个"葭生池中"的题目演变而来。

中国和印度在产生这一类问题的时代，还没有代数一元方程式的算法，那么他们是怎样计算的呢？这只要到《九章算术》书中去检查一下就知道了。

设如图一，水深 $CD=b$，葭长 $AD=BD=c$，从池心到岸边的距离 $CB=a$，则葭原先露出水面的部分 $AC=c-b$。我们把《九章算术》中的术文译成公式，就得

$$b = \frac{a^2 - (c-b)^2}{2(c-b)}$$

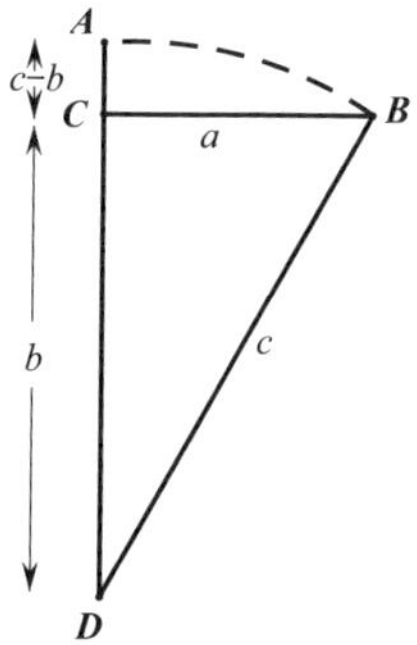

这公式中的 a 是勾，b 是股，c 是弦，$c-b$ 叫作"股弦较"，所以上举问题就是一个已知勾与股弦较而求股的问题。读者可用前举两题中的已知数分别代入这公式，自己检验一下。

我们用代数来证明这一个公式，证法如下：

因　　　　　　　　$c^2 = a^2 + b^2 = a^2 + 2b^2 - b^2$

两边各加 $2bc$，得　　　$2bc + c^2 = a^2 + 2b^2 + 2bc - b^2$

移项，得　　　　　$2bc - 2b^2 = a^2 - c^2 + 2bc - b^2$

图一

分解因式, 得 $\qquad 2b(c-b)=a^2-(c-b)^2$

以$2(c-b)$除两边, 得 $\qquad b=\dfrac{a^2-(c-b)^2}{2(c-b)}$

刘徽在《九章算术》的这一个题目后面作了批注, 他利用图形证明了上举的公式。现在来介绍一下:

设如图二, $\square ABDE=c^2$, $\square ACFG=b^2$, 那么

磬折形$BDEGFC=c^2-b^2=a^2$

又 $\qquad HF=BC=BA-CA=c-b$

$\quad \therefore \quad \square FHDK=(c-b)^2$

$\quad \therefore \quad \square CH+\square GK=a^2-(c-b)^2$

但 $\qquad \square CH=\square GK$

$\quad \therefore \quad \square CH=\dfrac{a^2-(c-b)^2}{2}$

但 $\qquad \square CH=BH\times HF=b(c-b)$

$\quad \therefore \qquad b(c-b)=\dfrac{a^2-(c-b)^2}{2}$

以$(c-b)$除两边, 得 $\qquad b=\dfrac{a^2-(c-b)^2}{2(c-b)}$

三

　　讲到了勾股的问题，我们不妨继续介绍一个已知勾与股弦较而求弦的问题：

　　"今有圆柱砌入壁中，不知大小，以锯锯之，深一寸，锯道长一尺，问径几何？"

　　"答曰：柱径二尺六寸。"

　　此题也出自《九章算术》。如下图，BE 是在圆柱上锯得的沟长，CD 是沟深，AB 和 AD 都是圆柱的半径，BC 是沟长的一半。由图可知，

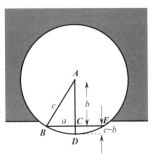

把题中的已知数一尺折半，得五寸是勾（a），一寸是股弦较（$c-b$），设法求弦（c），再加倍，就得圆柱的直径。

把《九章算术》中的解法变通，用公式表示出来，得

$$c = \frac{a^2 + (c-b)^2}{2(c-b)}$$

用代数证明这公式,可先在上节公式的两边各加$(c-b)$,

得
$$c = \frac{a^2 - (c-b)^2}{2(c-b)} + (c-b)$$

$$= \frac{a^2 - (c-b)^2}{2(c-b)} + \frac{2(c-b)^2}{2(c-b)}$$

$$\therefore \quad c = \frac{a^2 + (c-b)^2}{2(c-b)}$$

用图形证明这公式,参阅上节的图二,因

磬折形 $BDEGFC = c^2 - b^2 = a^2$

$$\square FHDK = (c-b)^2$$

$$\square CD + \square GD = a^2 + (c-b)^2$$

但 $\quad \square CD = \square GD$

$$\therefore \quad \square CD = \frac{a^2 + (c-b)^2}{2}$$

但 $\quad \square CD = BD \times HF = c(c-b)$

$$\therefore \quad c(c-b) = \frac{a^2 + (c-b)^2}{2}$$

以$(c-b)$除两边,得 $c = \dfrac{a^2 + (c-b)^2}{2(c-b)}$

四

以上两节所举的勾股问题，如果用代数来解，所列的方程式都是一次的。现在另举一个二次方程式的勾股问题，它在《九章算术》中也有简捷的算术解法。

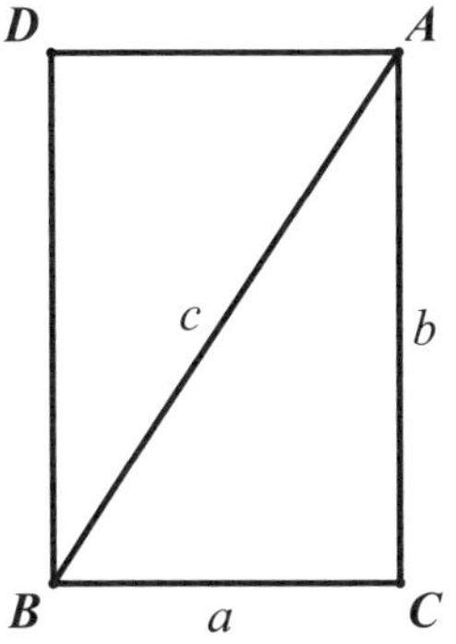

图　一

"今有户不知高广，竿不知长短，横之不出四尺，纵之不出二尺，斜之适出。问：户高、广、斜各几何？"

"答曰：广六尺，高八尺，斜一丈。"

题意是有一座门框，如图一的矩形ADBC，它的高等于b，广等于a。竹竿AB恰等于这矩形的对角线，它的长是c。已知竿长比门广多4尺（即勾弦较$c-a=4$），比门高多2尺（即股弦较$c-b=2$），求a、b、c。

原书的解法可译成如下的三个公式：

$$a = \sqrt{2(c-a)(c-b)} + (c-b) \quad \cdots\cdots\cdots\cdots\cdots\cdots (1)$$

$$b = \sqrt{2(c-a)(c-b)} + (c-a) \quad \cdots\cdots\cdots\cdots\cdots\cdots (2)$$

$$c = \sqrt{2(c-a)(c-b)} + (c-a) + (c-b) \quad \cdots\cdots\cdots\cdots (3)$$

先用代数证明如下：

因 $\qquad\qquad\qquad a^2+b^2=c^2$

两边各加 $\qquad (c^2-2ac-2bc+2ab)$，得

$$a^2-2ac+2ab+c^2-2bc+b^2$$

$$=2c^2-2ac-2bc+2ab$$

分解因式，得 $\qquad a^2-2a(c-b)+(c-b)^2$

$$=2(c^2-ac-bc+ab)$$

即 $\qquad [a-(c-b)]^2=2(c-a)(c-b)$

开平方，得 $\qquad a-(c-b)=\sqrt{2(c-a)(c-b)}$

移项，得 $\qquad a=\sqrt{2(a-b)(a-c)}+(c-b) \quad \cdots\cdots\cdots (1)$

同理 $\qquad b=\sqrt{2(c-a)(c-b)}+(c-a) \quad \cdots\cdots\cdots\cdots (2)$

（1）式的两边各加（$c-a$），或（2）式的两边各加（$c-b$），都可得

$$c=\sqrt{2(c-a)(c-b)}+(c-a)+(c-b) \quad \cdots\cdots\cdots\cdots (3)$$

再用图形证明如下：

设如图二，□$ABCD=c^2$，□$EFCG=b^2$，□$AHKL=a^2$，则磬折形 $ABFEGD=c^2-b^2=a^2$

∴ □AK=磬折形$ABFEGD$

两边各减小磬折形 $AHNEML$, 得

$$\square EK=\square HF+\square LG=2\square HF$$

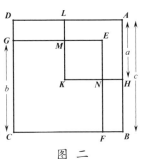

图　二

但　　$MK=LK-LM=AH-DG$

$$=AH-(DC-GC)$$

$$=AH-DC+GC=AH+GC-$$

$DC=a+b-c$

$\therefore\quad \square EK=(a+b-c)^2$

又　$HB=AB-AH=c-a,\ FB=CB-CF=c-b$

$\therefore\quad \square HF=(c-a)(c-b)$

$\therefore\quad (a+b-c)^2=2(c-a)(c-b)$

开平方, 得　　　　　$a+b-c=\sqrt{2(c-a)(c-b)}$

移项, 得　　　　　　$a=\sqrt{2(c-a)(c-b)}+(c-b)\cdots\cdots\cdots(1)$

及　　　　　　　　　$b=\sqrt{2(c-a)(c-b)}+(c-a)\cdots\cdots\cdots(2)$

两边加同数, 得

$$c=\sqrt{2(c-a)(c-b)}+(c-a)+(c-b)\cdots\cdots(3)$$

五

在元朱世杰的《四元玉鉴》和明程大位的《算法统宗》两书中，也有和印度莲花问题类似的诗歌体勾股问题。现在选取最有趣味的三个题目，写在下面，请读者自己做一做，但为易于明了起见，各题的字句已照原文稍有改动了。

题一：　"今有方池一所，每边丈二无疑，

中心蒲长一根肥，二尺水面高起，

斜引蒲梢至岸，恰与水面相齐，

想君明算定无欺，水深蒲长各几？"

"答曰：水深八尺，蒲长一丈。"

题二：　"园内秋千未起，踏板一尺离地，

送行二步与人齐，五尺人高曾记，

男女游人争蹴，终朝笑语欢嬉，

秋千垂索究长几，谁人猜透玄机？"

"答曰：索长一丈四尺五寸。"

解法提示；2步=10尺是勾，5八–1尺=4尺是股弦较，所求的索长是弦。

题三： "今有庄门一座，不知斜广高低，

持竿横进被墙挡，竿多门广九尺，

随即竖竿过去，亦长二尺无疑，

两隅斜去恰方齐，请问三色各几？"

"答曰：门高一丈五尺，广八尺，斜（即竿长）一丈七尺。"